乌梁素海浮游植物群落特征及其生态环境效应

李　兴　著

吉林出版集团股份有限公司
全国百佳图书出版单位

图书在版编目（CIP）数据

乌梁素海浮游植物群落特征及其生态环境效应 / 李兴著. -- 长春 : 吉林出版集团股份有限公司, 2022.8

ISBN 978-7-5731-2104-2

Ⅰ. ①乌… Ⅱ. ①李… Ⅲ. ①淡水湖－浮游植物－植物群落－内蒙古 ②淡水湖－区域生态环境－生态恢复－内蒙古 Ⅳ. ①Q948.884.2 ②X321.226

中国版本图书馆 CIP 数据核字（2022）第 160597 号

乌梁素海浮游植物群落特征及其生态环境效应

WULIANGSUHAI FUYOU ZHIWU QUNLUO TEZHENG JI QI SHENGTAI HUANJING XIAOYING

著　　者　李　兴
责任编辑　李婷婷
封面设计　李若冰
开　　本　710 毫米×1000 毫米　1/16
字　　数　158 千
印　　张　11
版　　次　2023年9月第1版
印　　次　2023年9月第1次印刷
印　　刷　北京厚诚则铭印刷科技有限公司

出　　版　吉林出版集团股份有限公司
发　　行　吉林出版集团股份有限公司
地　　址　吉林省长春市福祉大路5788号
邮　　编　130000
电　　话　0431-81629968
邮　　箱　11915286@qq.com
书　　号　ISBN 978-7-5731-2104-2
定　　价　66.00元

内容简介

气候条件变化和人类活动的加剧，给内蒙古河套灌区的重要组成部分乌梁素海湿地带来了一系列的区域性水生态问题。处于寒旱区域的乌梁素海中浮游植物生物多样性格局将在年际、年内发生变化，尤其对于经历冰冻期、冰封期和冰融期的寒区湖泊生态系统，将影响其中的浮游植物群落的结构特征、功能群组、多样性和分布格局等生态环境效应。这些过程将有助于研究人员明晰生境变化对于乌梁素海湿地生态系统的生态变化过程和环境效应。

寒旱区湖泊在冰封期表现出不同的地球化学行为和生态环境效应。浮游植物和污染物随着湖泊水体冻融过程将在冰－水介质中不断重新分配，分配结果对湖泊生态环境变化机理产生重大影响。目前，有关污染物在冰－水介质中迁移转化机理的研究基础还十分薄弱，关于浮游植物和污染物在不同冰层和水体介质中迁移规律及对翌年浮游植物群落结构影响的研究鲜见报道。因此，本书以湖泊冻结过程作为切入点，以我国北方寒旱区湖泊乌梁素海为研究对象，开展了冰封期和非冰封期的浮游植物群落结构特征及其生态环境效应的研究工作。主要研究成果体现在以下 7 个方面：（1）浮游植物、不同形态氮、不同形态磷、叶绿素 a、化学需氧量和电导率等指标在冰层中的浓度和大小显著低于其在冰下水体中的浓度和大小，表明冰体在生长过程中对不同物质均具有不同程度的排斥效应，结冰过程使物质从冰中析出并进入水体内。（2）浮游植物丰度、氨态氮、硝态氮、化学需氧量和电导率等指标在各采样点的不同冰层中呈现出表层高、中层低、底层高的变化特征。（3）入流口处表层冰的电导率大小是其他采样点平均值的12倍，水体扰动将大大增加表层冰体的电导率数值。（4）冰封期与非冰封期的生态环境变化引起了浮游植物群落结构差异。在冰封期对非冰封期贡献率大的藻种具有绝对优势并成为主导浮游植物群落的种类，在冰封期对非冰封期藻种贡献率达到100 %的主要有短小舟形藻、双头舟形藻、放射舟形藻、双头辐节藻、双对栅藻、四尾栅藻、链丝藻、不整齐蓝纤维藻、微小平裂藻、微囊藻、细小隐球藻和尾裸藻。（5）不同采样时间条件下双头辐节藻、埃尔多甲藻、螺旋藻、微小隐球藻、单生卵囊藻、水溪绿球藻和梅尼小环藻等藻类对不同形态氮盐的依赖性更强。夏季出现的微小隐球藻、华美十字藻、银灰平裂藻、束缚色球藻和点形平裂藻等藻种适应温度变化的能力较强。春季时期，不同形态磷盐是美丽星杆藻、不整齐蓝纤维藻、空球藻、链丝藻、沼泽颤藻、针形纤维藻、湖沼色球藻等藻种生长的主要限制因子。四尾栅藻、双对栅藻、优美平裂藻等藻种不仅对有机污染较高的5月水体适应能力较强，也能具有良好的耐盐特征。（6）在乌梁素海冰封期水体内，以盾形多甲藻和埃尔多甲藻为主的甲藻门的丰度显著提高；裸藻门各种类在冰封期内丰度较大，4月突然增加，随后各月不断缓慢降低到冰封期的丰度以下；在冰封期未发现隐藻门种类存在；金藻门种类仅出现在水质条件良好的2018年。（7）通过在近3年各月对12个采样点的浮游植物进行定性分析和定量计算，共鉴定出乌梁素海浮游植物隶属于7门93属329种，其中，绿藻门41属118种，硅藻门29属115种，蓝藻门15属61种，裸藻门4属27种，甲藻门2属5种，隐藻门1属2种，金藻门1属1种。可见，在乌梁素海中，硅藻门、绿藻门和蓝藻门浮游植物占浮游植物物种总数的89.36 %，有绝对优势。

通过研究，揭示了寒旱区乌梁素海的生境条件变化对浮游植物生态环境效应的影响，探讨了冰封期浮游植物优势种对翌年浮游植物大量生长的“贡献率”和生态环境效应，以避免河套灌区流域对乌梁素海生态系统造成较大的影响，研究结果对促进区域经济与环境协调发展具有一定的经济效益、社会效益和生态效益，不仅对治理和修复乌梁素海具有重要意义，也将对寒旱区其他湖泊水环境的治理和改善提供一定的参考和借鉴。

前 言

近几十年来，人口、资源、环境与社会经济快速发展，在此背景下，人口剧增和工农业迅速发展带来的环境污染问题日益突出。其中，水污染问题更为严重，水污染无疑将加剧水资源的供需矛盾。中国是一个严重缺水的国家，水资源不丰富，人均占有率更低，中国水资源总量居世界第六位，人均占有量约为 2 240m^3，约为世界人均水平的 1/4。水污染程度加剧将不断导致水质型缺水，进一步降低水资源利用率。目前，许多国家均不同程度地存在着水质型缺水的问题。

湖泊作为水资源的重要载体正遭受着不同程度的污染，其中最为严重的为湖泊水体富营养化污染。湖泊水体富营养化是湖泊发生、发展和消亡过程中不可避免的自然现象[1]。这一过程十分缓慢，甚至以地质年代计算。但是，20 世纪 50 年代以来，在人类活动影响下的农业径流、城市污水和工业废水排放等现象，导致大量氮、磷等营养物质进入湖泊，引起了水生态系统的生态效应变化，造成藻类及其他浮游植物大量繁殖，使得水体中溶解的氧含量下降，加剧了水质恶化，鱼类和其他生物大量死亡的现象时有发生，这就是从环境科学角度讲的人为水体富营养化现象。人为水体富营养化过程发展的速度很快，十几年间甚至在几年间即可发生，这种富营养化过程实际上就是环境污染问题。富营养型水体的出现将不同程度地引起浮游生物的快速、大量繁殖，发生“水华”现象。“水华”暴发后将改变水体理化性质，污染饮用水源，伤害水生生物，影响景观和旅游业，藻类毒素还会给人体健康带来危害。发生“水华”的直接原因是人类为浮游植物创造了适合其快速繁殖的水体生境条件。

浮游植物作为生态系统中重要的初级生产者，是湖泊生态系统中物质循环转换过程的重要组成部分。因此，浮游植物对湖泊水生态系统具有重要影响。一方面，浮游植物的生长过程、种类组成、群落结构、区域分布特征能够直接反映水体环境变化，水体环境变化也能够直接影响浮游植物的功能群、群落结构特征的变化。另一方面，浮游植物具有较短的生物学周期和很强的新陈代谢能力，相比底栖生物或游泳生物更具有灵敏的应激性，面对污水水体环境因子能够做出快速改变。因此，常把浮游植物作为水体环境的指示性生物，利用浮游植物评价水体污染程度。

为了揭示生态系统的变化过程，进一步研究水体的生态系统，应从研究浮游植物与环境因子间响应关系入手。影响浮游植物生长的主要因素有氮、磷、硅等营养盐，以及光照、温度、水体透明度等因素。不同种类的浮游植物适宜的温度不同。在适宜的温度条件下，浮游植物生长迅速。光照是加速浮游植物新陈代谢的动力，水体透明度、湖面冰封状态、覆盖雪等情况均不同程度地影响浮游植物的光合作用，进而影响浮游植物的生长速率。氮、磷等营养盐浓度是限制浮游植物生长的关键因子，浮游植物在繁殖过程中主要吸收和利用氨态氮和磷酸盐，而且碳、氮、磷的浓度也是影响浮游植物生长的重要指标。

目前，大量研究涉及环境因子对浮游植物生长变化的影响，但在冰封期条件下，环境因素变化对浮游植物在冰－水介质中的群落结构特征变化的研究内容鲜见报道，探讨浮游植物在不同冰层中的分布特征的研究更少。本书以地处寒冷干旱区的湖泊乌梁素海为研究对象，研究了在冰封期和非冰封期浮游植物群落的结构特征变化过程及其生态效应，旨在为寒冷干旱区（简称为寒旱区）湖泊水环境保护和水污染治理提供支撑。

本研究得到了中央引导地方科技发展资金项目（2020ZY0026），内蒙古自治区自然科学基金项目（2020LH02008），中国科学院“西部之光”人才培养计划项目，国家自然科学基金项目（52160022），内蒙古自治区“草原英才”工程青年创新创业人才计划项目的联合资助，在此表示感谢。

目　录

1 绪论

人类活动不仅改变了水资源系统的功能组成和结构方式，也深刻地影响了水资源系统的输入和输出循环过程。在经济、科技和社会发展过程中，人类正以前所未有的强度和速度影响着水生态系统。水资源作为人类赖以生存和发展的战略性资源正遭受着不同程度的破坏，我国水资源问题主要体现在水环境质量堪忧、水污染蔓延、结构性缺水、水资源浪费、水资源管理制度落实不到位等多个方面。在当前面临的水资源供需矛盾加剧、水环境污染突出、水生态受损严重等各种水问题中，湖泊水污染及富营养问题空前突出，已成为人类生存与社会经济可持续发展的关键问题。“十四五”时期，我国根据国情将始终坚持山、水、林、田、湖、草、沙系统治理，大力推进水生态环境保护由以修复治理为主向水资源、水生态、水环境协同作用治理、统筹推动转变。我国环境污染严重是制约经济社会发展的主要原因，科学、合理地解决当前社会和未来发展过程中出现的水资源短缺、水环境重大污染、人体健康危机、生态破坏严重、自然灾害频发等问题为人类寻求可持续发展带来了新的机遇和挑战。党的十九大报告将生态环境问题提到了历史新高度，同时开启了大力建设生态文明的新篇章。

湖泊资源的应用是人们在21世纪面临的最为严重的问题之一。大多数发展中国家对湖泊及其他水资源的应用和管理主要集中在灌溉、调蓄等生产用水环节，而发达国家在景观、垂钓、游泳、划船等多种精神生活的要求下无疑增加了对湖泊各项功能的要求。湖泊作为地球的重要的淡水蓄积库，不仅是湖泊流域生态系统绿色发展的物质基础，也是社会、经济健康发展的保障。因此，保护好、治理好湖泊水生态系统是加强生态文明建设、加大生态系统保护力度，打好水污染防治攻坚战的基石。

1.1 选题背景

湖泊水生态系统的变化离不开自然因素和人为因素的共同作用，尽管全球气候变化对水环境造成了一定影响，但人类活动影响水环境的区域和途径明显不同。特别是在经济欠发达地区和发展中国家，人口和牲畜数量增长，工农业活动不断增加，导致大量工业废水、生活污水和农业排水产生，造成水环境污染问题日益突出。加之，经济社会的快速发展加速了对湖泊资源的开发和利用，湖泊污染问题随即出现了，并对湖泊生态系统造成了严重的破坏。湖泊污染是指由于不同类型污水直接或间接地汇入湖泊内，使湖泊受到污染的现象。每个湖泊根据自身的特征具有不同的自净能力，当汇入湖泊的污染物质超过湖水的自净能力时，湖泊的水质将发生不同程度的变化。根据污染物质的类型和特点，会出现富营养化污染、有机污染、有毒物质污染、重金属污染、湖泊酸化污染、盐化污染等一系列湖泊水污染问题，严重时导致湖面萎缩、水量剧减、沼泽化加剧，甚至湖泊面临消失。

我国湖泊数量众多、星罗棋布、类型全、分布广泛，湖泊的形成和演化过程不仅受到湖泊所在流域内自然环境因素及其变化过程的影响，更重要的是会受到人类生产、生活的干扰，因此，将表现出不同区域内湖泊生态系统的变化特征和水生态问题。无论东南沿海平原、西北高原和东北山地等区域，还是湿润区、干旱区和沙漠地带，均有天然湖泊分布。从地理学角度，依据我国湖泊水资源基本特征和自然环境特点将湖泊分为五大湖区，分别为蒙新高原湖区、青藏高原湖区、云贵高原湖区、东北平原与山地湖区和东部平原湖区，全国所有湖泊几乎均位于五大湖区内。尽管不同湖区中的湖泊具有相似的基本特征，但在湖盆形态、水质指标、湖区生产能力等方面均具有较大差异。由于各湖区水文地质条件、气象条件和地理条件的差异导致不同区域湖泊具有明显地域特征。蒙新高原湖区的湖泊常常属于内陆盆地水系。该区域蒸发量远远超过湖水的补给量，湖泊面积不断萎缩，逐步发育成闭流性盐湖或咸水湖。青藏高原湖区属于海拔高、数量多、面积大的湖区，也是我国湖泊分布最为密集的区域。该区域湖泊以盐湖和咸水湖居多，湖泊相对较深。云贵高原湖区主要分布在滇中和滇西区域，主要为中小型淡水湖泊，湖泊数量少、面积小。东北平原与山地湖区的湖泊多数受到火山活动影响，入湖水量相对丰沛，面积相对较小，数量也相对较少。东部平原湖区主要指长江及淮河中游下游，黄河海河下游以及大运河沿岸。该区域分布着大小不一的湖泊，湖泊数量较多、面积较大，是我国湖泊密集度最大的湖区。太湖、鄱阳湖、洞庭湖、巢湖和洪泽湖都分布在东部平原湖区。

我国现有面积大于 1 km^2 的天然湖泊 2 759 个，合计面积达 91 019.63 km^2，面积大于 10 km^2 的天然湖泊有 656 个，合计面积为 85 256.94 km^2。我国湖泊的总贮水量约 $7\,077 \times 10^8\ m^3$，其中淡水贮量 $2\,249 \times 10^8\ m^3$，约占我国陆地淡水资源量的 8%。我国湖泊按面积级别统计结果见表 1[2]。

表 1　我国湖泊按面积级别分类统计

Table1　Classification and statistics of lakes in china by area level

湖泊类型	面积级别 /km^2	数量 / 个	总面积 /km^2
特大型湖泊	>1000	14	34 618.40
大型湖泊	500 ～ 1000	17	11 230.80
中型湖泊	100 ～ 500	108	22 415.33
小型湖泊	10 ～ 100	517	16 992.40
	1 ～ 10	2 086	5 762.70

近年来，对于不断出现的水污染事件及水环境恶化带来的严重后果，我国政府及相关部门十分重视，相继出台三河三湖治理计划，水污染防治规划，不断启动水污染治理项目，采用了多种水污染防治管理措施。进入 21 世纪后，改善水环境、提高水质成为相关部门的关注重点。2014 年 3

月5日，李克强总理做政府工作报告，明确强调加大湖泊污染等重点项目投入。2015年2月，中央政治局常务委员会会议审议通过《水污染防治行动计划》，其核心内容是提高水环境质量，减少污水水体数量，对于污染严重的区域坚决进行治理，对水质较好区域坚决保护。中共中央办公厅、国务院办公厅于2016年12月11日印发了《全面推行河长制的意见》。该意见是落实绿色发展理念、推进生态文明建设的内在要求，是解决我国复杂水问题、维护河湖健康生命的有效举措，是完善水治理体系、保障国家水安全的制度创新。2019年，水利部要求以河长制和湖长制为抓手，把划定河湖管理范围作为基础支撑，全力打好河湖管理攻坚战，全力推进河长制从“有名”到“有实”，从全面建立到全面见效，不断推进河湖面貌改善，维护河湖健康生命。2019年3月，第十三届全国人民代表大会第二次会议再次强调全面开展蓝天、碧水、净土保卫战，全面建立河长制和湖长制。2019年，中央财政安排污染防治资金600亿元，其中水污染防治方面的资金占到一半，增长45.3%。从中可以看出我国政府对水环境保护和水污染治理的力度和决心。

2021年7月，财政部为加强水污染防治资金使用管理，制定了《水污染防治资金管理办法》，主要针对重点流域水污染防治、流域水生态保护修复、集中式饮用水水源地保护、良好水体保护和地下水污染防治等方面进行大量投入。

2022年3月，第十三届全国人民代表大会第五次会议上，政府要求持续改善生态环境，推动绿色低碳发展：加强污染治理和生态保护修复，处理好发展和减排的关系，促进人与自然和谐共生；加强生态环境综合治理，打好污染防治攻坚战，加大重要河湖、海湾污染整治力度，加强生态环境分区管控，科学开展国土绿化，统筹山、水、林、田、湖、草、沙系统治理，保护生物多样性。

内蒙古自治区内湖泊均属于蒙新高原湖区。该区域处于高纬度、高海拔区域，具有四季更替明显、湖泊冰封期长（4～7个月）、冰层厚（最厚达1.2m）等特征。内蒙古自治区的湖泊类型多样、点多面广，主要有乌梁素海、呼伦湖、达来诺尔湖、查干诺尔湖、黄旗海、哈素海、岱海等知名湖泊。大多数湖泊受到富营养化污染的危害。其中，乌梁素海是内蒙古湖泊水质最为恶化、富营养化最为严重的草－藻型湖泊。呼伦湖、乌梁素海、岱海作为内蒙古首要治理的“一湖两海”是内蒙古自治区生态安全屏障的重要组成部分，其生态功能极其重要。近年来，由于受多种因素影响，出现水位下降、水域面积缩减、水质污染等生态环境问题，已引起社会各界的高度关注。2017 年，内蒙古自治区政府在工作报告中明确提出保护水生态环境，推进呼伦湖、乌梁素海、岱海治理。

呼伦湖、乌梁素海、岱海是内蒙古自治区的三大淡水湖。对于大面积土地受干旱威胁的内蒙古自治区而言，“一湖两海”是内蒙古自治区的“救命水”，是我国北方重要的生态安全屏障的组成部分。对于内蒙古自治区“一湖两海”生态综合治理工程，党和国家领导人尤为关心并数次做出重要指示。2016 年和 2018 年中央生态环境保护督察组对此均提出了具体要求。

内蒙古乌梁素海被称为“生态之肾”，肩负着黄河水量调节、净化水质和防凌防汛的艰巨任务。多年来，内蒙古巴彦淖尔市的工业化、城镇化进程加速导致工业废水、生活污水和农业退水大量排放，造成乌梁素海区域生态环境恶化趋势加重，主要表现在以下几个方面：

（1）湖泊水体藻类异常繁殖，水华不断暴发。

（2）湖泊水质恶化，富营养化程度不断加剧。

（3）湖泊水位处于不断下降的趋势，沼泽化进程加快。

（4）湖泊物种资源种类和数量不断下降，生物多样性遭到破坏，生态功能退化。

（5）湖泊景观功能受到影响，阻碍了旅游业的发展。

（6）湖泊的固有生态系统功能缓慢下降减弱。

针对乌梁素海面临实际污染情况，2015 年，巴彦淖尔市印发了巴彦淖尔市委市政府《关于加快乌梁素海综合治理实现可持续发展的实施意见》，制定并分解 79 项乌梁素海综合治理重点任务，成立了乌梁素海生态产业园区管委会和 14 个专项工作机构，并制定了《乌梁素海源头污染水治理

实施方案》，进一步加快乌梁素海的全面综合治理。2016年10月，内蒙古自治区人民政府批复《乌梁素海综合治理规划》，提出“生态补水、控源减污、修复治理、资源利用、持续发展”的治理思路，规划了湖泊生态补水配套工程、湖泊内源污染治理与生态改善工程、清水产流机制修复工程、规划区污染源减排工程、规划区环境管理与能力建设工程等五大类96个项目，总投资80亿元。中央生态环境保护督察组提出要求以后，巴彦淖尔市政府治理乌梁素海的进程不断加快，先后累计投入综合治理资金32亿元，实施了围堰加固、清淤疏浚等工程；先后建成7个旗、县、区的城镇污水处理厂，建设了乌拉特前旗、中旗、后旗3个工业园区污水处理厂及中水回用工程；开挖53条网格水道119 km；启动实施了生态过渡带人工湿地及面源污染控制示范推广项目等工程，全面加快乌梁素海生态湿地综合治理与保护。2020年3月，巴彦淖尔市投资50.86亿元，大力推进乌梁素海流域山水林田湖草沙生态保护修复试点工程。2022年2月，巴彦淖尔市为认真加快推进乌梁素海流域山水林田湖草生态保护修复国家试点工程建设，高标准实施《“十四五”乌梁素海流域生态环境保护治理规划》，推动乌梁素海生态环境不断好转。

近几年来，当地积极治理、修复乌梁素海，在不同时期和不同阶段采取了一系列措施。例如，在城市建成区和工业园区，加快城镇污水收集和处理设施建设；针对生活工业污水排放的点源污染，关停重污染企业，同时提标改造污水处理厂，保证区域内工业污水进入污水处理厂，必须达标后才能排放。在乌梁素海湖区及周边开展乌拉山受损山体修复和乌拉特草原生态恢复工程；针对农业灌溉用水的面源污染，广泛开展“四控两化”行动降低农业面源污染负荷，四控指控肥、控药、控膜、控水，两化指畜禽粪污资源化和秸秆资源化；针对芦苇水草和底泥淤积的“内源”污染，在清淤和芦苇收割资源化的基础上，采取生态补水、建设网格水道等措施，改善水动力条件，让部分不流动的水体流动起来，提高湖区生态系统的净化功能。

虽然通过多年来的投入和综合治理，环境明显改善，整体水质总体由劣五类转变为V类，局部区域达到四类标准，但影响湖区水生态系统的关键问题尚未得到根本治理，形势依然堪忧，隐患仍然存在。

本书涉及的研究正是在这样的环境背景下，开展内蒙古乌梁素海浮游植物群落结构特征变化及其生态环境效应方面的研究，旨在为乌梁素海水生态综合治理提供基础数据和技术支撑。

1.2 冰封期湖泊生态环境特性

内蒙古自治区的生态状况的优劣，不仅关系全区各族群众的生存和发展，还关系华北、东北、西北乃至全国的生态安全。抓好内蒙古“一湖两海”的生态综合治理工作是加大生态系统保护力度，打好污染防治攻坚战，守护祖国边疆亮丽风景线的重要组成部分。在实际治理和保护工作中，相关部门要消除以牺牲环境换取经济增长的念头，不能突破生态保护红线。目前的湖泊水生态问题已严重影响着湖泊流域人们的生产、活动。从目前乌梁素海水污染治理情况和水质现状可以看出，修复乌梁素海水生态环境仍然有一段较长的路要走。治理和保护乌梁素海已刻不容缓，这项工作不仅是改善环境民生的迫切需要，也是加强生态文明建设的当务之急。

内蒙古乌梁素海地处我国中北部，典型的气候特征和地域环境决定了该区域的湖泊水体中污染物在一年四季中迁移转化过程及污染机理与其他区域湖泊有着极显著的不同，尤其在冰封期冰－水介质中浮游植物和污染物的迁移转化机制及其对湖泊水华的影响更有别于其他湖泊。因此，揭示干旱区冰封期湖泊浮游植物群落结构特征及污染物在冰－水介质中环境变化过程十分必要，也十分迫切，这对于治理和修复旱区湖泊具有重大意义。

当今，研究者们对海洋、湖泊、水库、河流、池塘等水域的浮游植物的功能群季节变化、生态位变化、环境因子变化与浮游植物群落结构关系、浮游植物与水质变化关系、浮游植物与气候变化关系、浮游植物与水文要素变化关系等内容进行了大量研究[3-22]。研究结果显示，区域气候条件基本具有南方温暖湿润的特征，而北方寒冷、干旱气候条件下湖泊、水库、

河流关于浮游植物与环境因素的响应关系鲜见报道，尤其是冰封期浮游植物在冰层中的分布特征及在冰－水不同介质中的分布规律方面的研究还未见报道。

寒旱区湖泊具有冰封期长，冰层厚，流量小，污染重等典型特点，表现出了不同的地球化学行为和生态效应。浮游植物和污染物随着湖水冻融过程在冰－水介质中将不断重新分配，分配结果对湖泊生态环境变化机理产生重大影响。因而，在此背景下，本研究以我国北方内蒙古自治区境内的乌梁素海为研究对象，开展冰封期与非冰封期浮游植物及污染物在冰－水介质中迁移转化规律、浮游植物群落结构年季变化特征与旱区水文气象变化响应等方面的研究。具体研究工作在以下三方面开展：首先，分析冰封期不同冰层和冰下水体中浮游植物和污染物的分布规律，揭示冰封期和非冰封期浮游植物群落结构的变化特征；其次，研究冰封期和非冰封期浮游植物和环境因子的时空异质性，探求浮游植物和污染物与环境指标的响应关系；最后，探讨冰封期浮游植物群落结构的特征、优势种及其形成条件，并在此基础上结合非冰封期浮游植物群落的特征和优势种特点，量化冰封期浮游植物优势种对翌年水华的“贡献率”，以便找出科学的治理方法和防治措施，为旱区湖泊治理和修复提供参考方案和科学依据。

本书涉及的研究选择能够代表旱区典型的浅水湖泊内蒙古乌梁素海进行水环境保护和水污染防治研究，不仅能对内蒙古“一湖两海”中呼伦湖、岱海及类似湖泊的生态综合治理提供一定的借鉴和经验，也能为蒙新高原干旱地区湖泊乃至全国湖泊水污染防治和环境治理提供参考。这对湖泊生态系统的保护修复，统筹好经济发展和生态环境保护建设具有重要意义。

1.3 冰体冻融及生态环境过程研究现状

近年来，干旱区湖泊以其独特的区域和气候特征，一直被研究者们所关注。冰封期持续时间、冰层厚度不仅能作为气候波动的指示器，也是调节湖泊生态系统不断变化的重要组成部分[23-34]。冰封期长，冰层厚，流量小，污染重是干旱区湖库特有的水体特征。国内外学者对冰封期水体的研究主要集中在冰体冻融过程中的热通量变化、冷冻浓缩效应、冰体光学特征和冰体生态环境过程研究等几个方面。

1.3.1 冰体冻融过程研究

冰体冻结速率取决于冰底热传导、太阳短波辐射和水体的热通量。早在1891年，德国科学家Stefan[35]就给出了冰体生长的计算公式，我国学者称其为斯蒂芬公式。该计算公式主要包括冰厚度、热传导系数、冰密度、冰融解潜热、冰表面温度和水体的冻结温度等参数。在这些参数的优化过程中，学者们付出了很大的努力。其中，热传导系数分别根据淡水和盐水进行计算的方式完全不同，Untersteiner给出了海冰热传导依赖于海冰盐度和温度的计算模式[36]，Ono给出了海冰融解潜热依赖于温度和盐度的优化方案[37]，Yen等给出了淡水冰热传导系数关于温度的函数[38]。在1983年，Leppäranta利用海冰热力学半经验计算模式分析了积雪和及雪冰形成对海冰生长的影响[39]。2000年，Saloranra利用高精度的热力学计算模式计算了波罗的海雪冰层和雪层的形成过程，并考虑了积雪对海冰冻融过程的影响程度[40]。2002年，Cheng研究了时空分辨率对海冰热力学特征的影响，结果表明，冰内热力过程对短波辐射的空间分辨率更为敏感[41]。2008年，cheng等在北极利用高精度海冰热力学计算模式模拟了浮冰和冰面积雪的热力学变化过程[42]。2013年，Carlos利用热力学积分方程对冰体内的结构熵从高温到低温进行了计算，再现了贝纳尔－福勒冰规则[43]。2018年，Massonnet、Francois利用热力学原理描述了北极海冰的变化趋势，在模拟海冰变化方面的差异研究，可以追溯到模拟季节生长和海冰融化的差异[44]。可见，国外学者对这方面的研究比较系统。

国内研究湖泊冰体冻融过程相对较晚。1997年，曾平等采用水深平均k－ε双方程紊流模型与流冰拟流体模型首次推出了适合于天然实际工程水域复杂条件的紊流冰消融数学模型[45]。2004年，肖建民根据对黑龙江省胜利水库冬季冰盖十余年资料的研究，考虑冰盖与大气、水的热交换过程及

水库水温变化对冰盖厚度的影响等因素，建立了寒区水库冰盖生长的一维数值模型并给出了求解方法[46]。2011 年，雷瑞波等对东南极中山站附近湖冰和固定冰的热力学过程进行了系统观测，得到了湖冰和固定冰热力学生消过程，计算了不同深度层湖冰和固定冰的垂向热传导通量[47]。2013 年，王星东等基于改进的小波变换方法实现了南极地区冰盖冻融监测系统建设的业务化运行目标，提高了冰盖冻融探测方法的计算效率和探测精度[48]。2018 年，王庆凯等对湖泊开敞水域处冰层开展侧面和底部消融的原位测量，表明冰下水体不断向冰层传递热量[49]。总之，无论是淡水冰体冻融过程，还是海水冰体冻融过程，对于冰体冻融过程的计算模式而言，限制其发展的因素不是模式结构本身，而主要是数值算法和参数优化及其物理变化过程，因为它们能够从物理本质上改善计算效率和精度。

目前，湖冰冻结消融过程中的光学特征和遥感监测等方面的研究颇多[50-61]。但是，国内关于海冰光学性质的研究报道较少[62-65]。湖冰的光学性质与湖冰的晶体结构、气泡含量与分布规律、积雪变质与积雪融化、雪冰层形成对光学性质的影响等方面的研究还十分薄弱。

1.3.2　冰体生态环境过程研究

相对于常温水体生态环境过程的研究成果而言，在寒冷条件下，对冰封期冰体生态环境过程进行的研究很少。从冰体类型看，多数研究主要集中在极地冰川[66-77]、海冰[78-87]、河冰[88-97]的研究上，而对于海冰排盐效应及其对海洋生态系统的影响成果较多，在冰水介质中仅见在海冰冻结过程中盐分由冰体向水体运移的报道[98-100]。而针对我国湖冰生态环境的研究基础和研究深度都十分薄弱[101-107]。从国外发展动态出发，美国、加拿大、芬兰等国的研究者在湖冰生态环境研究方面取得了较大成果。早在 1985 年，Welch 探讨了湖泊冰封期水体交换过程对湖泊生态环境的影响，1987 年进一步指出 Saqvaqjuac 湖冰雪覆盖对湖泊热量和光交换的影响[108]。1992 年，Catalan 以高山湖泊为研究区域，发现了颗粒态和溶解态污染物在湖泊冰封期内的变化规律[109]。Matti 和 Pekka Kosloff 以芬兰南部湖泊为研究对象，在 1993 年至 1999 年的观测数据的基础上，分析了 pH 值、电导率、悬浮物等指标在冰体和水体中的分布特征；结果表明，上述水质指标在冰体中值是其在水体中的值的 10% ～ 20%[110]。Claude Belzile[111] 等通过对高纬度湖泊和河流的研究揭示了，在结冰过程中，可溶性有机碳和有色可溶有机物均从冰体中析出，排斥系数介于 1.4 ～ 114 之间，明显高于无机物在冰体中的排斥系数。通过同步荧光分析，在一般情况下，留在冰体中的污染物大部分为结构简单、分子量小的物质，这一现象将对冰封期湖泊水体的生态系统变化产生很大影响。Roger、Gregory 对位于加拿大西北部湖泊的气象和环境因进行观测，结果表明，在湖泊结冰过程中，大约 99% 的盐分被排斥在冰下的水体中，这种作用无疑是冰封期湖泊污染物迁移转化过程的驱动力[112]。Bluteau、Cynthia E 等人通过室内测量与湖泊的现场观测表明，在湖冰中盐分排除的影响随着盐度的增加而增强。当冷冻温度低于最大密度的温度时，与海冰不同的是，将在冰下方形成反向温度分层。当盐度达到 8 g/L 时，反向温度分层使得盐排除效应显著减弱，该研究强调了盐排除对湖泊生物地球化学循环的重要性[113]。

从国内研究看来，有关湖冰生态环境方面的研究的数量相对较少。2008 年、2009 年黄继国等以长春市区内景观湖泊作为研究对象，分析了不同冰层、不同水层内污染物、叶绿素 a 和浮游植物的分布特征，结果表明，在冰层融化的季节，存在营养盐、叶绿素 a 和浮游植物首先被释放的现象，冰层中营养盐的含量约为水体中的 1/3, 叶绿素 a 的含量约为水体中的 1/5。水体中的氮主要以无机氮的形态存在，磷以溶解性总磷为主[114]。2009 年，李晶等分析了扎龙湿地冰封期水环境特征，结果发现，冰封期水体的总氮、总磷、氨氮、高锰酸盐的超标率为 100%，BOD5（五日生化需氧量）的超标率为 80%，总氮超标倍数为 4.98 ～ 45.93 倍，总磷超标倍数为 3.10 ～ 41.80 倍，氨氮超标倍数 3.62 ～ 53.50 倍，高锰酸盐指数超标倍数为 4.52 ～ 15.80 倍，BOD5 的最高超标倍数为 2.54 倍[115]。2018 年，李卫平等人对包头市南海湖冰封条件下水体中营养盐和叶绿素 a 进行了研究，结果表明，南海湖水体中营养盐的含量在一定程度上影响着浮游植物的增长，结冰过程使污染物由冰向水中迁移[107]。2018年，李兴等人的研究结果显示，总磷为影响乌梁素海冰下水体浮游植物群落分布的最重要环境因子，冰层中NH^{4+}、总磷（TP）、总氮（TN）等环境因子的复杂分布对浮游植物群落在冰层中分布的影响显著[116]。这些研究成果认为由于存在冰－水不同介质，造成了浮游植物和污染物的重新分配；在冰封期，浮游植物和污染物具有从冰体向水体迁移的现象，水下浮游植物和污染物浓度高于冰体。但是，对于浮游植物和污染物的迁移转化机理方面的研究仍然不够深入，不同冰层中浮游植物和污染物的分配规律还不清晰，特别是冰封期浮游植物群落特征对翌年水华的影响的研究更加薄弱。

目前，关于水体中浮游植物方面的研究主要集中在温暖、湿润的南方地区，开展浮游植物群落结构特征、浮游植物功能群组、浮游植物生态位、浮游植物与环境因子的响应关系等方面研究[117-136]，通过环境温度突然变化、季节变化和高频波动等特征值来模拟浮游植物的适应性，反映最具竞争力的浮游植物丰度与相对物种丰度的关系。而针对北方寒旱区域开展的浮游植物群落结构特征与环境因子的关系进行的研究较少，研究集中在冰封期营养盐在冰体内的分布、叶绿素a在河湖中的空间分布、浮游植物在冬季水体内的时空分布以及与环境因子关系等方面。对于冰封期的浮游植物的研究还处于初步阶段，急需进一步开展并深入研究冰体内、冰水界面以及水体内的浮游植物群落结构特征变化及其生态效应，研究浮游植物和污染物的响应关系及其在冰－水介质中的迁移机理、分配特征。

综上所述，冰封期的存在阻碍了水体与大气的复氧过程，减弱了冰下水体内生物的光合作用，因冰盖压力的存在改变了水体动力学条件导致冰下水体光、温等理化条件发生了显著的变化，影响了冰下水体浮游植物群落的组成和现存量，同时，冰封期也是水体自净能力最弱的时期。因此，冰水介质对于物质迁移转化具有极其重要的影响作用。

然而，从目前检索出来的文献看来，关于在冰封期污染物在冰－水介质中迁移转化机理的研究基础十分薄弱，大数据研究还处于起步阶段，在干旱区湖泊关于浮游植物和污染物在冰－水介质中的迁移规律及对翌年水华影响的研究尚未见报道。以湖泊的冻结过程作为切入点，在一定程度上，实现了湖泊生态系统在冰封期和非冰封期研究的结合。因此，本书涉及研究以内蒙古乌梁素海为研究对象，开展冰封期浮游植物群落结构特征变化及污染物在冰－水介质中迁移规律方面的研究，并分析越冬优势种对翌年水华的影响，找出湖冰环境中浮游植物和污染物迁移转化的驱动因素，揭示冰封期浮游植物和污染物迁移转化规律，探求旱区冰封期浮游植物群落特征变化对翌年水华影响程度，不仅能为湖泊冰封期的污染治理提供理论基础和数据支持，也能对旱区湖泊环境污染修复与治理提供借鉴和参考。

1.4 选题过程及内容

1.4.1 解决的科学问题

（1）明晰冰封期和非冰封期浮游植物群落结构变化规律，厘清干旱区湖泊冰封期和非冰封期浮游植物、叶绿素 a、污染物及环境指标时空异质性。

（2）在不同时期、不同环境指标下，通过不同数学手段进行对比验证浮游植物、叶绿素 a 和污染物的响应关系，确定湖泊冰封期浮游植物优势种群形成条件，探讨冰封期浮游植物优势种对翌年水华的“贡献率”。

（3）明确不同时期的冰－水介质中垂直剖面的不同点位的浮游植物、叶绿素 a 和污染物的变化过程，揭示各污染物在冰层、冰－水界面和水层中的迁移转化机理，提出冰封期治理和修复湖泊水体的新思路，为旱区湖泊水污染控制和水环境保护提供科学依据。

1.4.2 浮游植物群落特征及生态环境异质性具体内容

根据国内外关于旱区湖泊冰封期生态环境变化研究的最新成果及作者的研究基础和背景，本书涉及的研究主要包括开展内蒙古乌梁素海冰封期和非冰封期浮游植物和污染物时空分布异质性、浮游植物群落结构特征变化、不同时期优势种形成条件、浮游植物和污染物冰－水介质迁移转化机理及对翌年水华影响等方面，具体工作内容如下：

（1）非冰封期和冰封期浮游植物群落结构特征的变化过程，浮游植物、污染物和环境指标时空分布异质性研究。

冰封期湖泊生态环境因具有特殊的光学、水动力学、物理学和化学等特征，表现出不同的地球化学行为和生态效应。尤其在湖冰冻结和融化过程中物质浓度将重新分配，导致湖泊冰体和水体中的浮游植物、污染物和环境指标与非冰封期相比具有特殊的时空变异规律。通过野外试验和室内实验，开展了以下研究：

①将浮游植物镜检统计后，分析不同时期浮游植物丰富度指数、多样性指数、均匀度等群落特征参数，分析浮游植物群落结构特征。

②不同门、属、种的浮游植物丰度和生物量，以及叶绿素 a 在不同冰－水介质层中的时空变异规律。

③污染物和不同形态污染物（总磷、溶解性总磷、总氮、硝态氮、亚硝态氮、氨态氮、化学需氧量）在冰－水介质中的时空变异规律。

④环境指标（水深、冰厚、酸碱度、溶解氧、氧化还原电位、电导率等）在冰－水介质中的时空变异规律。

（2）在分析浮游植物与各环境因子响应关系的基础上，确定不同时期浮游植物优势种群形成条件及对翌年水华影响研究。

在湖泊冰封期条件下，并非所有藻种都能以营养盐群体的形式安全越冬，而能够顺利越冬的藻种很可能就是下一次水华的“接种物”。湖泊冰封期浮游植物优势种的形成与该时期气象、水文、冰下水动力学等特征密切相关，浮游植物优势种的形成很可能与耐污染强、耐低温和喜阴的浮游植物有关。

①将浮游植物、叶绿素 a、污染物浓度、环境指标进行分析，将各结果作对比，验证湖泊环境指标条件下浮游植物与污染物的响应关系。

②在以上基础上，镜检浮游植物的数量和组成，通过浮游植物典范对应分析，并对比分析结果，找出不同条件下影响浮游植物优势种群形成的必要条件。

③以非冰封期浮游植物镜检结果为对照，探讨冰封期浮游植物优势种对翌年水华的“贡献率”，以此确定浮游植物优势种对非冰封期水华的影响。在此基础上，不仅可以深化湖泊水华暴发的机理，也能够提出在冰封期治理和修复湖泊水体的新思路。

（3）研究在冰封期的不同时间浮游植物、叶绿素 a 和污染物在冰－水介质中迁移转化的机理。

在湖泊冰封期，湖冰冻结和融化的过程促使浮游植物和污染物在冰、冰－水及水介质中发生迁移和转化，进而形成重新分配的格局，导致浮游植物和污染物在水体和冰体中的含量差异较大。

①分析在不同时间、不同冰层（10 cm、20 cm、30 cm……）中浮游植物、叶绿素 a 和污染物的迁移转化过程。

②通过绘制垂直剖面的不同点位的浮游植物、叶绿素 a 和污染物的变化过程线，运用水动力学、热力学、冻融效应等理论解释各物质在冰层、冰－水界面和水体中的迁移转化机理。

1.4.3 区域特色及特点

（1）通过分析不同冰层和水体浮游植物、叶绿素 a 和污染物的迁移规律，运用水动力学、热力学、冻融效应等理论，揭示在不同环境指标条件下浮游植物、叶绿素 a 和污染物在冰层、冰－水界面和水体不同介质中的迁移转化机理。对于该内容的研究，从查阅国内外文献可知，鲜见报道。

（2）结合非冰封期浮游植物群落特征和优势种形成条件，探讨冰封期浮游植物优势种对翌年水华暴发的“贡献率”，并提出冰封期治理和修复干旱区湖泊的措施和对策。对于该内容的研究，目前鲜见报道。

1.4.4 选题过程

针对干旱区湖泊冰封期的生态环境具有特殊光学、水动力学、物理、化学和生物学等特征，因而表现出不同的地球化学行为和生态效应。本研究在野外试验与室内实验相结合的基础上，采取理论分析和实践相结合的方式，以内蒙古乌梁素海为研究对象。首先，明晰冰封期和非冰封期浮游植物群落结构特征的变化规律，摸清冰封期条件下浮游植物和污染物在不同冰层、冰－水界面和水层中的时空分布异质性。其次，通过非线性多元统计方法揭示不同时期和不同采样点的浮游植物、叶绿素 a、污染物和环境指标的响应关系；确定浮游植物优势种及其形成条件。在此基础上，监测非冰封期浮游植物群落特征和优势种特点，探讨冰封期浮游植物优势种对翌年水华的“贡献率”。最后，通过分析浮游植物、叶绿素 a 和污染物在不同冰层、不同水体中垂向变化过程，从水动力学、热力学、冻融效应和能态理论出发，揭示浮游植物、叶绿素 a 和污染物在冰层、冰水界面和水层的迁移转化机理，并提出冰封期治理和修复湖泊的措施和对策。具体选题路线框架如图 1 所示。

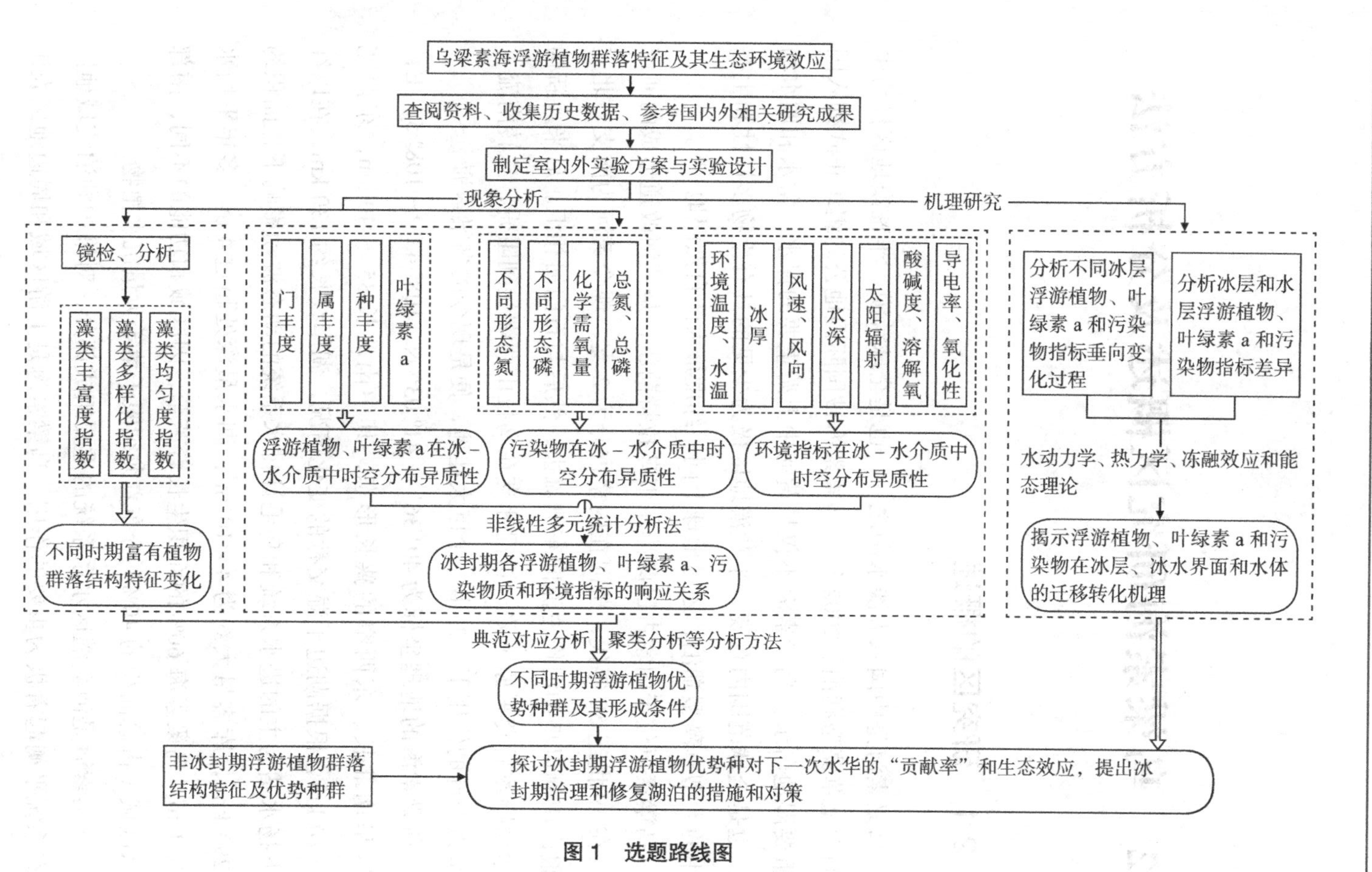

图 1　选题路线图

Fig.1　The technical route of dissertation

2 乌梁素海研究区概述及分析方法

2.1 研究区的概述

乌梁素海是中国八大淡水湖之一，也是全球荒漠、半荒漠地区极为少见的大型草藻型湖泊。2002 年，乌梁素海被国际湿地公约组织正式列入国际重要湿地名录。乌梁素海不仅是黄河中上游重要的保水、蓄水和调水场地，也是全球范围内荒漠、半荒漠地区极为少见的具有生物多样性和生态作用的大型草藻型湖泊，还是地球上同一纬度最大的自然湿地[137]。

乌梁素海位于内蒙古巴彦淖尔市乌拉特前旗，是黄河改道形成的河迹湖。在 19 世纪 50 年代，黄河在内蒙古分为 2 支，现今黄河为南支，北支沿狼山南侧以乌加河作主流向东侧流去，然后与石门河相汇。后来，新构造运动导致后套平原下陷，黄河北支在乌拉山西端受到阻碍，急转南流，在水力条件的作用下，冲出一个巨大洼地，便是现今的乌梁素海。

乌梁素海的地理坐标为 40º 36′ ～ 41º 03′ N，108º 43′ ～ 108º 57′ E，湖区呈南北长、东西窄的狭长形态，其中南北长 35 ～ 40 km，东西宽 5 ～ 10 km。根据湖边干湿交替的变化情况，湖岸线长约 130 km，在以红圪卜扬水站为主的进水系统和乌毛计排水系统的动态波动影响下，面积约为 293 km^2，库容量大约为 4×10^8 m^3，湖水最深处超过 4 m，多年平均水深为 1 m。乌梁素海 60% 的面积生长着芦苇，因区域和功能的不同，南部明水区域（占总面积的 40%）分布着龙须眼子菜等大量沉水植物。

乌梁素海是河套灌区水系系统的重要组成部分，对维护湖泊流域地区生态系统平衡起着极为重要的作用。乌梁素海是上游区域和周边地区农田排水、工业废水和生活废水的唯一承泄区，河套灌区 90% 以上的农田排水最终由总排干渠道通过红圪卜扬水站排入湖内。水体为含有大量污染物的污废水，其中污废水中氮、磷含量较高，长期积累形成营养丰富的湖泊底质，引起沉水植物大面积、快速地繁殖，也为水华优势种的绿藻丝状藻种提供了固着载体，造成了乌梁素海的水体富营养化及有机物质、盐分等污染。乌梁素海长期接受污废水后严重的富营养化致使水体经常处于缺氧状态，最终使得底泥中氨态氮产生量加剧。这样的环境条件适宜丝状绿藻大量、快速地繁殖，致使“水华”风险时刻存在。

湖区所在流域四季更替明显，气温变化差异大，多年平均气温为 7.3 ℃，全年日照时数为 3 185.5 h。湖泊流域内降雨少，蒸发量大，多年平均降雨量为 224 mm，多年平均蒸发量为 1 502 mm；全年无霜期为 152 d，湖水于每年 11 月初结冰，直到翌年 3 月末到 4 月初开始融化，冰封期约为 5 个月[137]。

多年来，由于当地的工农业和城镇污水排水都汇入乌梁素海，导致湖水水质恶化、盐分积累，植被退化，生态环境问题突出。经水利部批准，黄河水利委员会联合内蒙古自治区政府，自 2018 年 2 月起，从内蒙古自治区磴口县黄河三盛公水利枢纽向乌梁素海有计划地实施应急生态补水，截至目前共进行了 5 次补水，累计 7.75 亿 m^3。截至 2019 年 3 月 25 日，黄河向内蒙古乌梁素海应急生态补水结束，此次补水历时 27 d，补水 1.81×10^8 m^3，相当于为乌梁素海补充了超过 1/3 的水量。通过连续补水，乌梁素海水域面积扩大，沼泽化趋势初步得到有效遏制，水质得到一定的改善。

2.2 研究区的水文气象条件

乌梁素海地处北方干旱半干旱地区，降雨量稀少、蒸发量大、太阳辐射强、昼夜温差大、干湿期差异大，常常出现扬沙和多风天气是本区域显著气象特征。分析流域系统水文气象条件不仅是研究区域水生态系统的基础，也是研究湖泊水体中污染物质迁移转换的前提。风速、风向和蒸发量

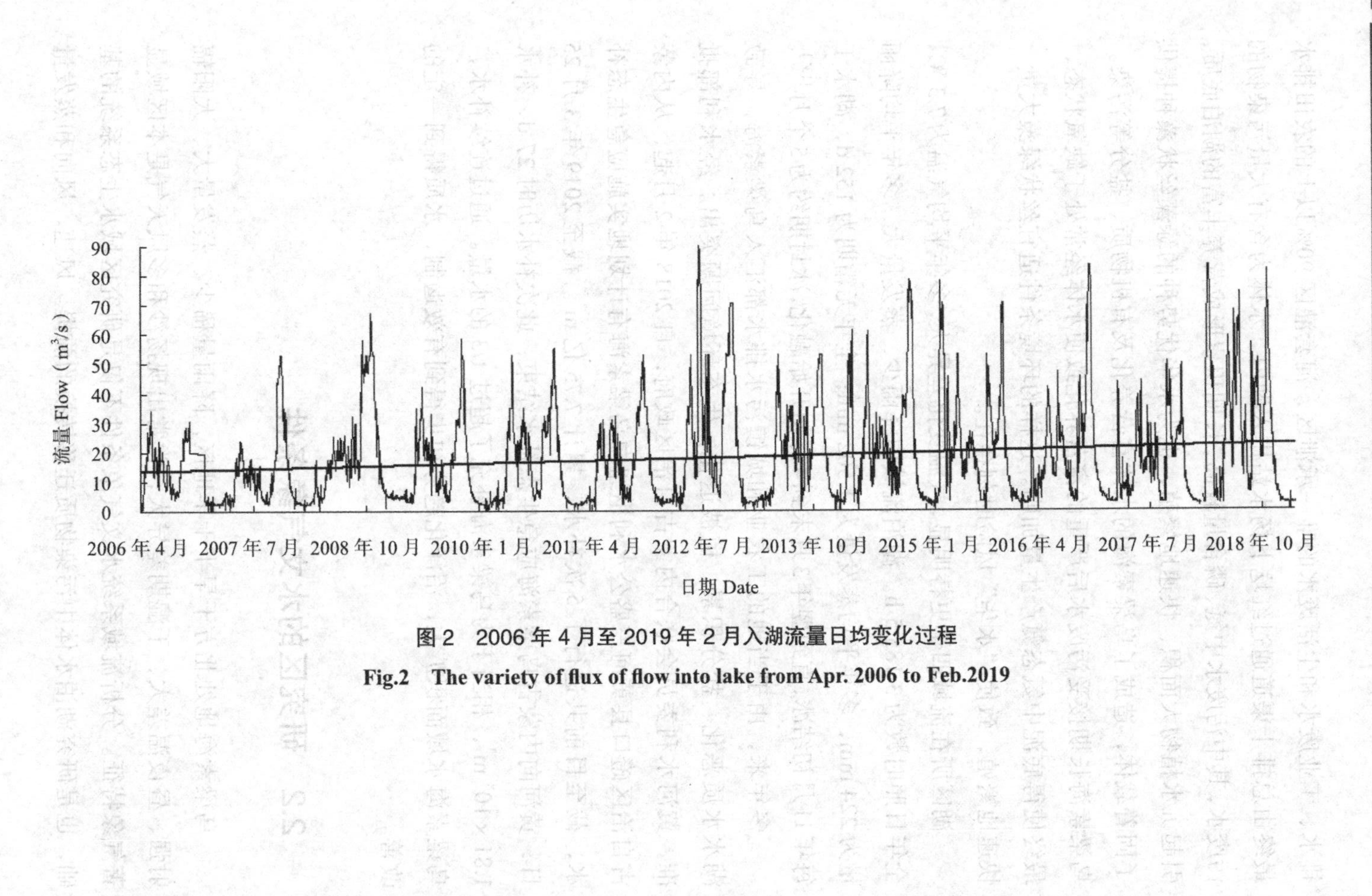

图2　2006年4月至2019年2月入湖流量日均变化过程

Fig.2　The variety of flux of flow into lake from Apr. 2006 to Feb.2019

等动力学特征又是湖泊水体流动和变化的主要驱动力，浮游植物和污染物质随着水体流动而不断迁移转化。因此，湖区水生态系统变化受到水文气象条件的制约，在湖区周围建立气象观测站并记录流入乌梁素海水量十分重要。

本研究在位于采样点ED附近建立了自动气象监测站，主要观测指标有大气压、气温、相对湿度、太阳辐射、降雨量、蒸发量、风速和风向；根据红圪卜扬水站的实测流入乌梁素海水量和气象站实测资料，分析了2006年4月至2019年2月流量变化过程和2006年4月至2018年9月监测的8项气象因子的动态特征。图2描述了从总排干渠道入湖日均流量。乌梁素海的主要补给水源来自总排干渠道，从图2可以看出，2006年4月至2019年2月从总排干渠道入湖日均流量的变化过程。2018年以前每年10月和11月的排水量明显高于其他月份，分析原因，主要是该阶段是河套灌区秋浇排盐时期，乌梁素海的排水量明显增大。入湖水量最小的时期为前一年12月、1月、2月、4月和9月，冬季乌梁素海的补给水源主要是地下水、工业废水和生活污水，几乎不存在河套灌区的农田排水。自2018年2月起，从黄河三盛公水利枢纽向乌梁素海实施应急生态补水，补水于3月初开始，于3月末结束。因此，2018年3月和9月进入乌梁素海的水量较以往同月份入湖的水量存在差异极显著（$P < 0.01$）。入湖的水量及其变化过程直接影响湖区水环境质量。为了体现近3年来乌梁素海的水量的详细变化过程，笔者绘制了2016年1月至2018年12月入湖水量日均变化过程图（如图3所示）并进行了对比分析。从图3可以看出，近3年来，每年3月、5～8月和10～11月入湖水量较大，而其他月份湖水量较小。每年3月是黄河凌汛的危险时期，为了分凌减压，黄河每年从三盛公水利枢纽向乌梁素海大量排水；每年5～8月是河套灌区灌溉时期，大量农田排水进入乌梁素海；10～11月是上游灌区秋浇时期，乌梁素海排水量大，2016至年2018年由总排干渠道进入乌梁素海的水量分别为$5.7 \times 10^8 m^3$、$4.8 \times 10^8 m^3$和$8.6 \times 10^8 m^3$，2018年入湖水量大大增加的主要原因是2018年3月黄河分凌减压向乌梁素海排水的水量约为$1.5 \times 10^8 m^3$。从

近 3 年来入湖水量日变异情况可知，2018 年，乌梁素海日入湖水量变异系数较 2016 年和 2017 年低，这与 2018 年乌梁素海排水和补水的连续度有关。

从 13 年的入湖水量变化趋势线可以看出，乌梁素海的入水量呈现逐年增加的趋势，主要原因是为改善乌梁素海劣五类水质的现状，对乌梁素海进行了不断的生态补水。目前，乌梁素海的水质基本达到了五类标准，局部水域达到了地表水四类标准。

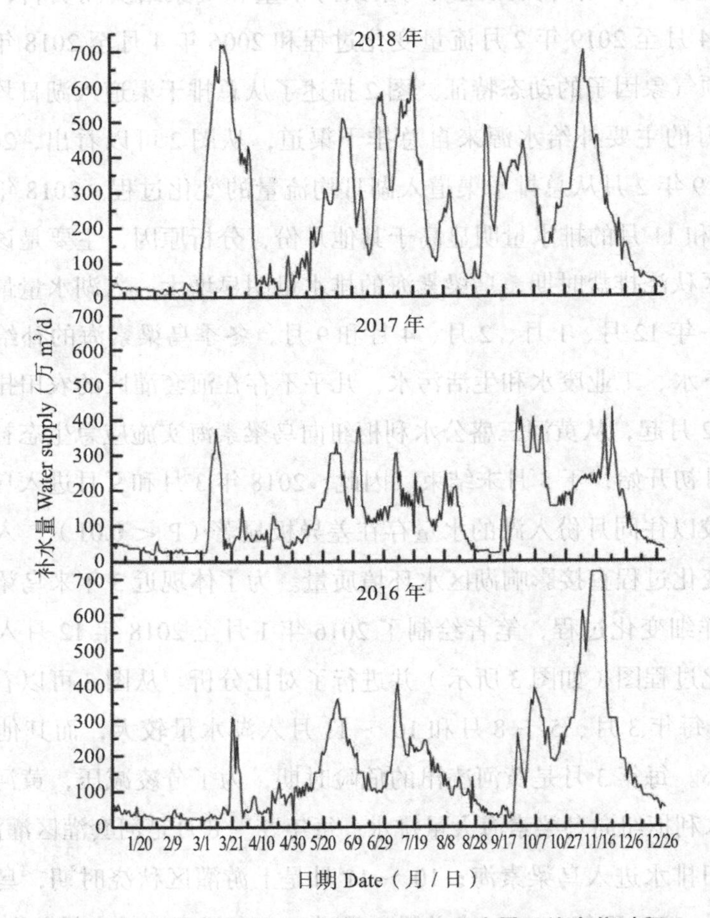

图 3　2016 年 1 月至 2018 年 12 月入湖水量日均变化过程

Fig.3　The variety of flux of flow into lake from Jan. 2016 to Dec.2018

图 4 至图 9 分别描述了乌梁素海 13 年间大气压、大气温度、相对湿度、太阳辐射、降雨量、蒸发量、风速、风向的日均变化曲线。从各图中可以看出，在乌梁素海流域内 13 年间 8 项气象因子的动态过程。大气压周期性地呈现出冬季高、夏季低的变化规律，大气压基本处于水平状态，变异系数仅为 0.01，基本无变化。大气温度在每年 1 月达到 −20℃左右，为全年最低；7 月为最高，最高温度超过 30℃；从 13 年来间大气温度的变化趋势线可以看出，大气温度呈现极为缓慢的上升趋势。相对湿度在 13 年间的变异系数为 0.25，呈现出缓慢下降的变化趋势，这与温度上升不无关系，相对湿度在每年 5 月左右达到最低，主要原因是 5 月的风速为每年中最大值，而风速和相对湿度呈现出负相关的变化过程。太阳总辐射在夏季的 6 月、7 月、8 月达到最大，13 年间乌梁素海地区太阳总辐射变异系数为 0.52。从降雨量和蒸发量的变化趋势可以看出，降雨主要集中在汛期的 6 月、7 月、8 月；13 年间蒸发量呈现出微弱的增加趋势，其变化过程与风速变化趋势相似。风速是影响蒸发的主要气象因子，风速在每年的 5 月、6 月达到全年的最大值，而蒸发量较大的时期是每年的 5 月、6 月、7 月、8 月，可见影响蒸发量的因素还有气温和太阳辐射等。分析、计算 13 年间降雨蒸发量可知，蒸发量为降雨量的 7 倍左右。风速较大时期是春季，13 年间风速变异系数较大，达到了 1.01；而风向的变化随机性很大，变异系数为 0.85。从整体趋势上看，全年主要的风向为西北风和东北风。

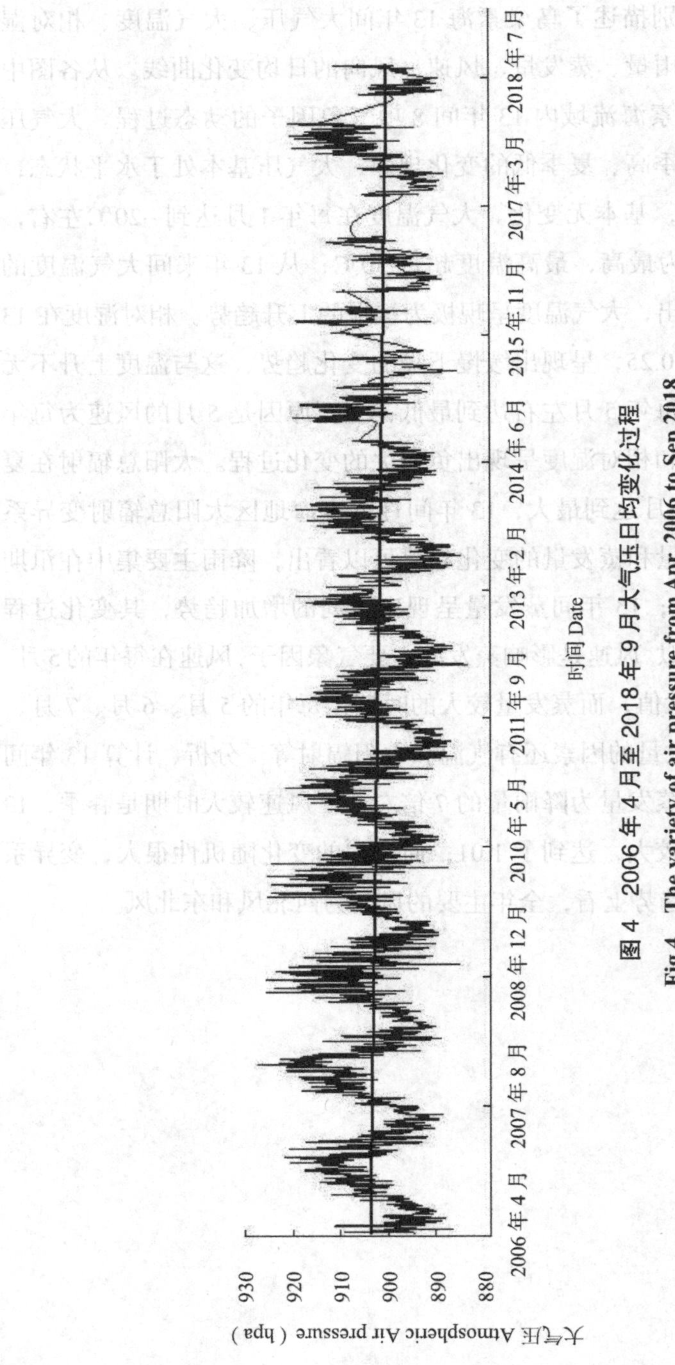

图4　2006年4月至2018年9月大气压日均变化过程

Fig.4　The variety of air pressure from Apr. 2006 to Sep.2018

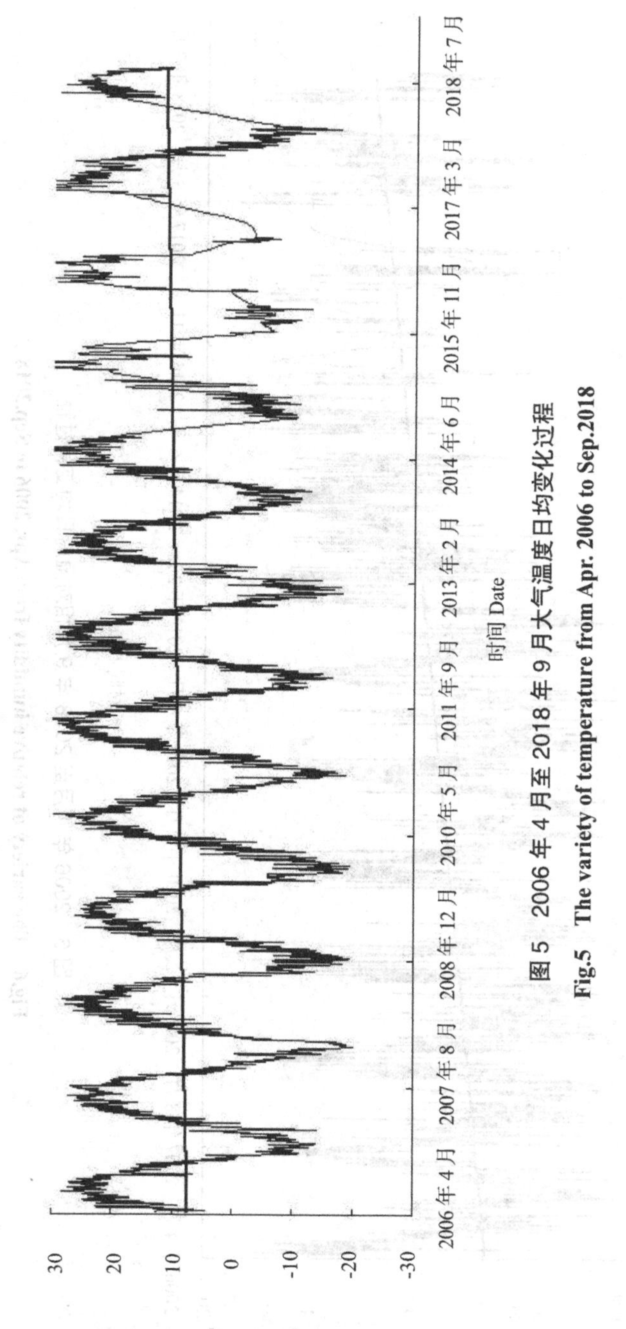

图5 2006年4月至2018年9月大气温度日均变化过程

Fig.5 The variety of temperature from Apr. 2006 to Sep.2018

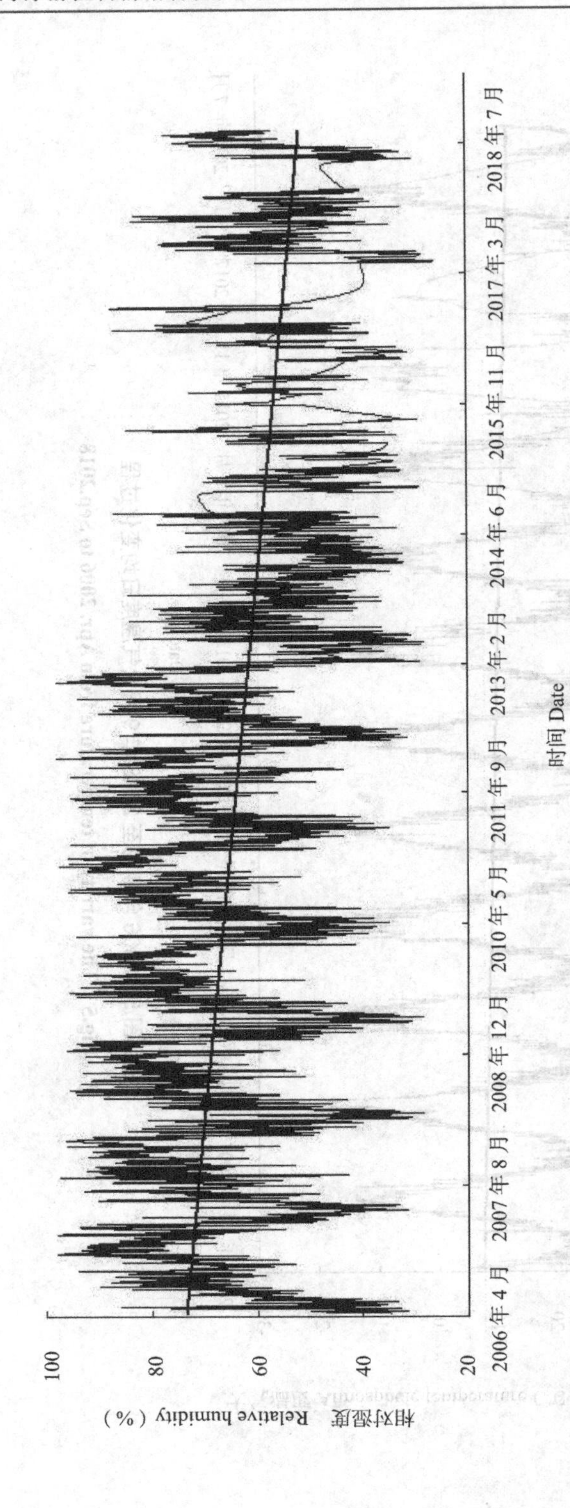

图6　2006年4月至2018年9月相对湿度日均变化过程

Fig.6　The variety of relative humidity from Apr. 2006 to Sep.2018

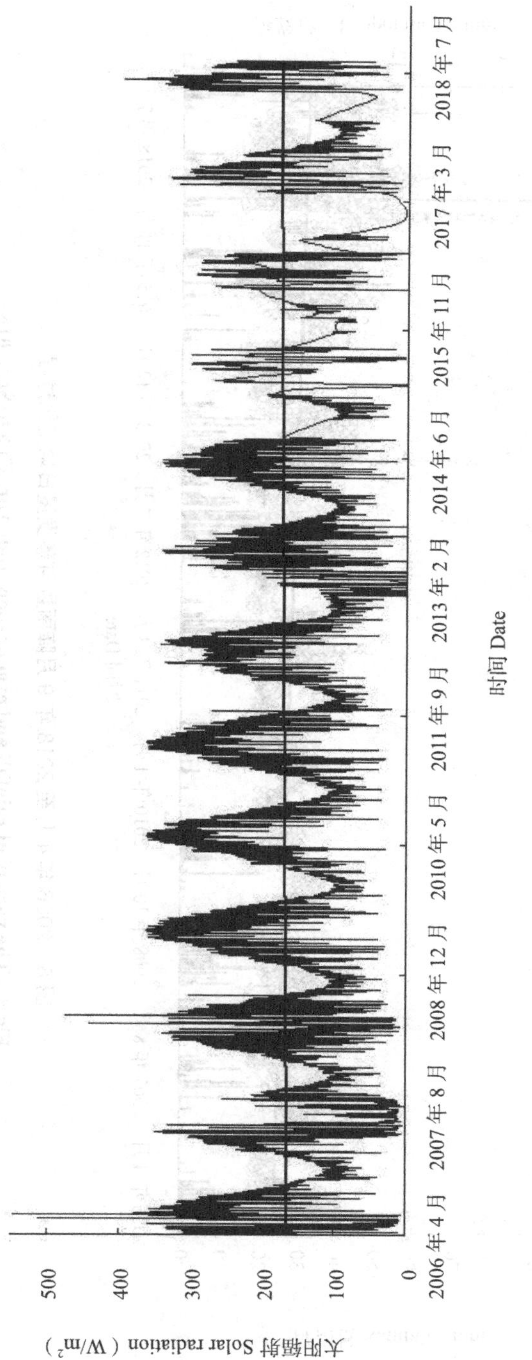

图7　2006年4月至2018年9月太阳辐射日均变化过程

Fig.7　The variety of solar radiation from Apr. 2006 to Sep.2018

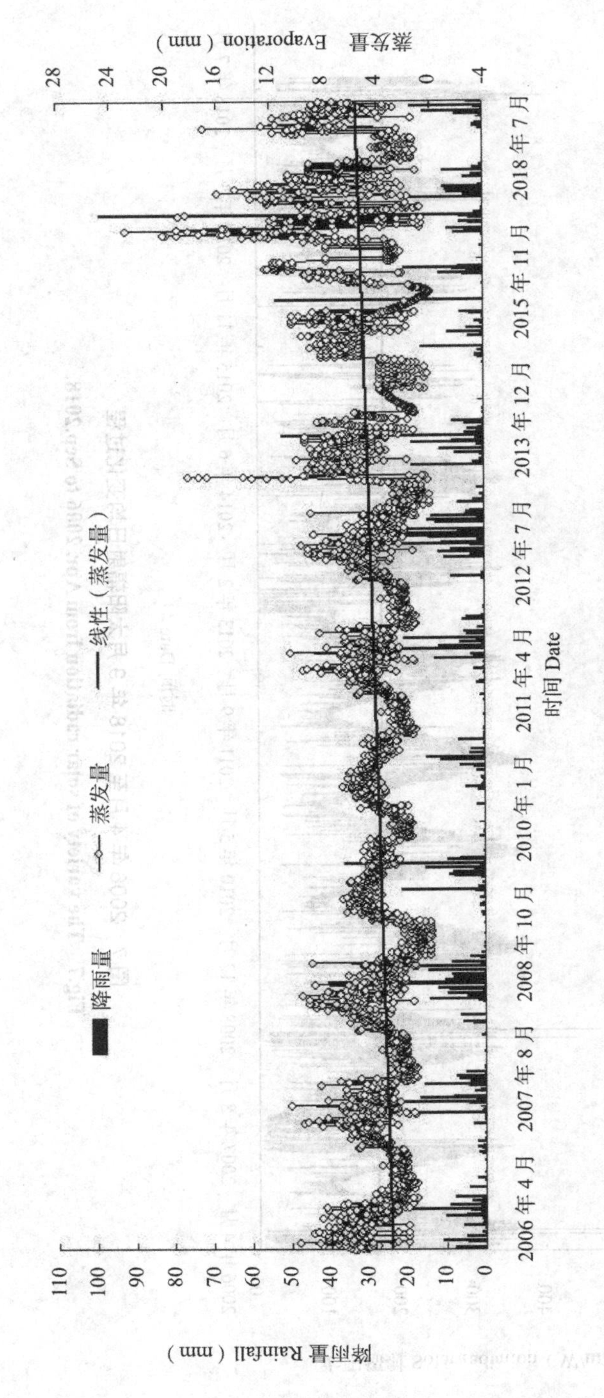

图8 2006年4月至2018年9月降雨量与蒸发量日均变化过程

Fig.8 The variety of rainfall and evaporation from Apr. 2006 to Sep.2018

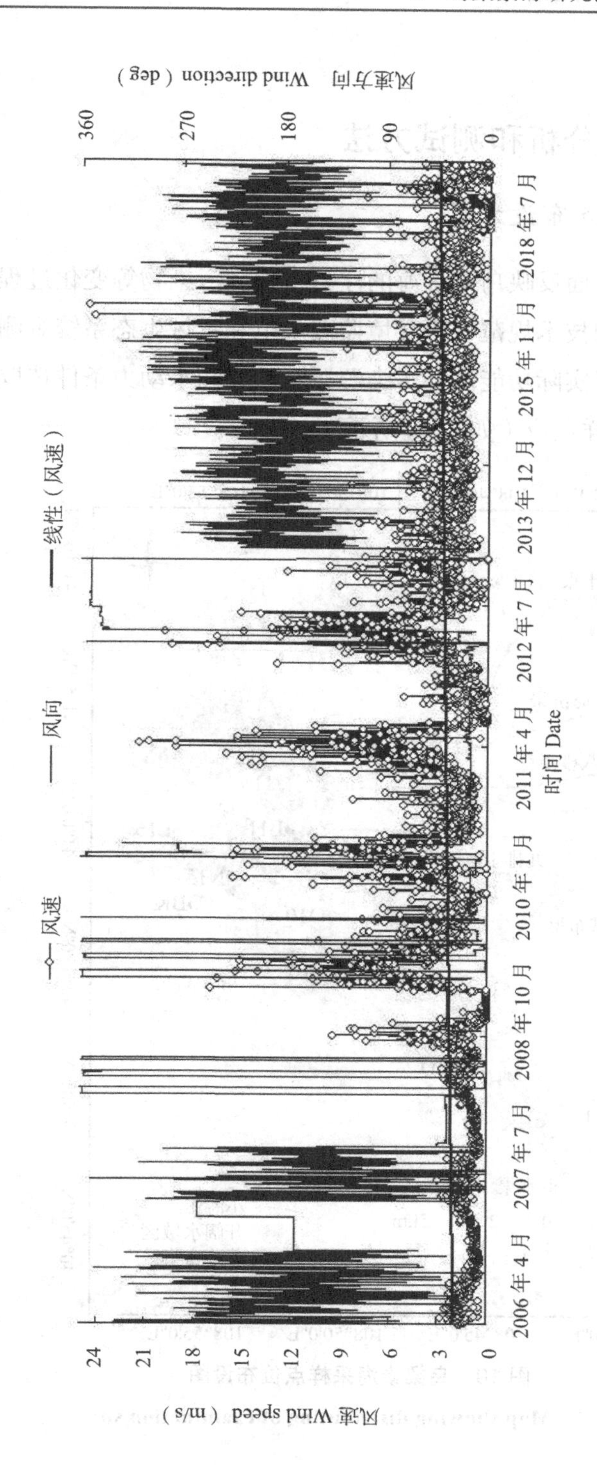

图 9　2006 年 4 月至 2018 年 9 月风速风向日均变化过程

Fig.9　The variety of wind speed and wind direction from Apr. 2006 to Sep.2018

2.3 实验分析和测试方法

2.3.1 采样点布设方案

本研究为了全面反映乌梁素海的浮游植物和污染物等变化过程，依据地表水和污水监测技术规范、水环境监测规范和水域生态系统观测规范，同时结合乌梁素海实际功能区、污染源源汇状况和水动力条件选取了具有代表性的12个采样点位（如图10所示）。

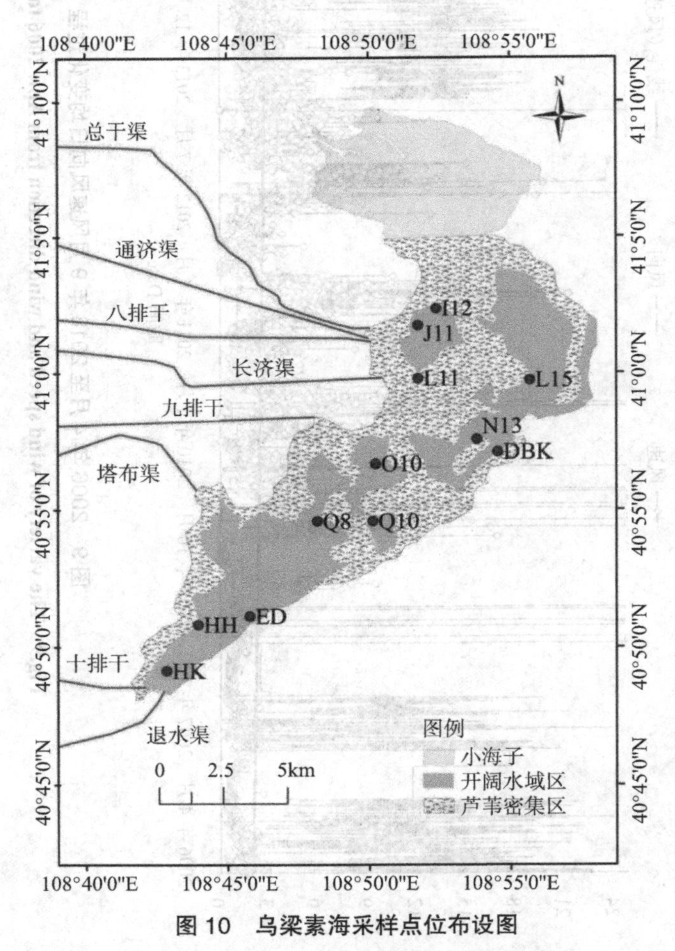

图10 乌梁素海采样点位布设图

Fig.10 Map showing distributing of examination sites

因乌梁素海水域生长着大面积芦苇，对于芦苇或水草密集、水深过浅处的区域，采样船只不能到达取样的区域不在监测方案布置考虑的范围内。对于乌梁素海北部小海子区域人类活动少、水深在 0.2m 左右且芦苇密集，采样船只无法到达该区域进行采样，故不设采样点。选取的 12 个采样点位基本能覆盖整个乌梁素海区域，根据乌梁素海流量源汇区域、芦苇区、明水区、旅游区等不同功能进行分区（见表 2）。

表 2 乌梁素海功能区域划分

Table2 Divided into functional areas in Wuliangsuhai lake

功能区域	采样点位	备注
入流区	J11、L11、I12	J11 点为总排干渠道入流口位置；L11 为长济渠水体入流口位置；I12 位于总排干入流口北侧，附近生长大量芦苇，周边有围网养殖
出流区	HK	为泄水闸乌毛计位置上游附近，水较深
旅游区	ED	为乌梁素海冬夏季旅游区域
芦苇区（中部）	Q10	为乌梁素海中部，周边生长大量芦苇和沉水植物，其南侧时常有旅游船只通过
芦苇区（北部）	N13、DBK	为乌梁素海东北方向处，周边生长大量芦苇，有围网养殖
明水区（北部）	L15	为乌梁素海东滩附近，水较浅
明水区（中部）	O10	周边无挺水植物和沉水植物
明水区（中南部）	Q8	夏季周边生长大量沉水植物，水较浅
明水区（南部）	HH	周边无挺水植物和沉水植物，水较深

2.3.2 样品采集方案

2.3.2.1 水体样品

采样方案定于每年非冰封期，从 4 月开始，11 月结束，采样时间定于

每月中旬；冬季采样时间定于12月下旬或1月中旬，此时温度最低，冰层厚度能够承载采样车辆。乌梁素海湖区共布设12个采样点。采集水样时，根据水深具体确定采样方案，当水深为1m左右时，根据湖泊生态系统观测方法垂向仅设置一个采样点即可；当水深超过3m时，可根据实际情况，在分层取样后，再均匀混合。采样时直接使用笔者自制的可控流态分层采水器（专利号：201220366523.4）采集不同深度的样品，每个采样点分别取2个平行样，每次取样使用全球定位系统（GPS导航仪）进行采样点定位。除现场原位测试部分水质指标外，室内测试水质指标的水样立即存入低温冷藏箱后及时运回实验室进行水质指标测定。

2.3.2.2 浮游植物样品

浮游植物采样与水质采样同步进行。浮游植物采样品包括定性样品和定量样品。定性样品采集时，采用25号浮游植物网在水体表层呈“∞”字形缓慢捞取样品，将浓缩液倒入100ml塑料样瓶中，用体积比为4%的甲醛溶液固定，用于镜检分类。采样结束后用蒸馏水冲洗25号浮游植物网2～3次，防止本采样点浮游植物残留在生物网上后影响下一个采样点的测量结果。定量样品采集时，因乌梁素海平均水深为1.5m左右，使用采水器于采样点水下0.5m处采水，采水体积为1 000ml。水样采得后立即加入15ml鲁哥氏液固定，带回实验室倒入分液漏斗内静止沉淀36h后，使用绑有20μm筛绢的虹吸管将上清液去除，剩余100ml左右样品，将其移入250ml的棕色瓶中，用内径为30mm的橡胶乳胶管接上橡皮球，利用虹吸法将静止沉淀后上层清液缓慢吸出（不可扰动），然后将沉淀物倒入分液漏斗，再静止沉淀36h后，进行二次浓缩；最后保留30ml沉淀物，用于浮游植物种类鉴定并计数。

2.3.2.3 冰样

在冰封期，采样车辆使用全球定位系统进行采样点定位，破冰工具主要有冰钻采集器、汽油锯等，破冰后取出冰块，然后在现场将冰块从表层到底层按照10cm的厚度进行分割。因采样点不同，冰厚存在差异，为确保数据的准确性和完整性，对于不足10cm部分仍然按照10cm采样分层的方式单独取样。分割后将冰块破碎装入2 000ml取样瓶，并标记好采样点位。当冰样在室温条件下自然融化后，立即进行水质测试和浮游植物镜检分类。浮游植物的样品在镜检前的处理按照水样进行。采集冰样时同步采集水样，水样在破冰后直接使用采水器进行采集。

采样器的材质和结构符合《水质采样器技术要求》中的规定，测定生化需氧量时，水样注满容器，上部不留空间，并有水封口。测定水中化学需氧量、叶绿素 α 、总氮、总磷时，水样静置30min后，用吸管一次移取水样，吸管尖嘴插至水样表层50mm以下位置，再加保存剂保存。水样运输前将容器的外（内）盖盖紧；装箱时用泡沫塑料分隔，以防破损。同一采样点的样品瓶装在同一个箱子中，运输时有专门的押运人员护送。

2.3.3　水质指标检测方法

水质监测指标分为野外原位监测指标和室内实验检测指标，其中野外原位监测的主要指标有采样点位置、采样时间、天气情况、水深（WD）、水温（T）、酸碱度（pH）、透明度（SD）、电导率（EC）、溶解氧（DO）、氧化还原电位（ORP）、泥深（MD）、盐度等参数，采样点各水质指标使用法国PONSEL便携式水质分析仪原位测试，透明度使用塞氏盘法测定。

实验室内测定水质指标主要有总氮（TN）、总磷（TP）、氨态氮（NH_3–N）、硝态氮（NO_3–N）、亚硝态氮（NO_2–N）、溶解性总磷（DTP）、化学需氧量（COD）、五日生化需氧量（BOD5）、叶绿素a（Chla）、悬浮物（SS）等，测定方法和检出限见表3。

表3　水质检测方法

Table3　Methods of water quality test

项目	分析方法	检出限
总氮	碱性过硫酸钾消解紫外分光光度法 HJ636–2012	0.05mg/L
总磷	钼酸铵分光光度法 GB11893–1989	0.01mg/L

续表

项目	分析方法	检出限
溶解性总磷	钼酸铵分光光度法 GB11893–1989	0.01mg/L
氨氮	纳氏试剂分光光度法 HJ 535–2009	0.025mg/L
硝态氮	离子色谱法 HJ84–2016	0.016mg/L
亚硝态氮	分光光度法 GB7493–1987	0.003mg/L
化学需氧量	重铬酸钾法 HJ828–2017	4mg/L
悬浮物	重量法 GB 11901–1989	——
叶绿素 a	分光光度法 HJ897–2017	2μg/L
生化需氧量	稀释与接种法 HJ505–2009	0.5mg/L

2.3.4 浮游植物分析方法

浮游植物门、属、种以《中国淡水藻类——系统、分类及生态》[138]和《淡水微型生物与底栖动物图谱（第二版）》[139]等工具书为鉴定依据。鉴定样品时，摇匀浓缩的样品后，使用移液器取 0.1ml 样品，置于 0.1ml 计数框（20mm×20mm）内，在 400 倍显微镜下观察计数并换算生物量[140]。每个样品取样 3 次，最终结果取平均值。1 000ml 水体中浮游植物的数量 N 可用下列公式计算：

$$N=\left(\frac{Cs}{Ps\times Fn}\right)\times\left(\frac{V}{U}\right)\times Pn$$

式中：*Cs*– 计数框面积（mm^2）；*Fs*– 每个视野的面积（mm^2）；*Fn*–计数过的视野数；*V*–1 000ml 水样经沉淀浓缩后的体积（ml）；U– 计数框的体积（ml）；Pn– 每片计算出的浮游植物个数。

不同浮游植物采样点 Margalef 丰富度指数（D）、Shannon–Wiener 多样性指数（H）、Pielou 均匀度指数（J）和优势度（Y）指数的计算公式分别为：

$$D=(S-1)/LnN$$

$$H=-\sum_{i=1}^{S} P_i \log(P_i,2)$$

$$J=H/\log(S,2)$$

$$Y=\mathrm{n}_i/N\times f_i$$

式中: $P_i=n_i/N$, P_i 为第 i 种藻类的个数与样品中所有藻类个数的比值; n_i 为样品中第 i 种藻数量；N 为样品中总藻数量；S 为样品中藻类种类数；f_i 为第 i 种藻类在各站位出现的频率。本书将优势度 Y>0.02 的藻类定为优势种 [141-142]。藻类优势度（Y）根据各藻类个体数量及出现的频率进行计算。

2.3.5 数据分析方法

数据分析图表使用 Origin 和 Excel 数据分析软件。三维图使用 Surfer 制图软件。统计分析和非线性分析采用 SPSS 统计学软件，浮游植物与环境因子关系分析采用 Canoco 软件。

3　冰封期乌梁素海冰－水物理特征及环境因子分析

3.1　冰厚与水深的空间分布特征

乌梁素海湖泊区域存在多种功能区，各功能区的水体环境的特征不同。在冰封期，因功能区的环境状况存在差异，导致冰厚和水深在空间分布上均存在较大异质。为了揭示乌梁素海冰盖下方水体环境变化与冰体生消的关系，探讨冰－水不同介质的热量传递过程。2017 年 2 月上旬，将乌梁素海在空间上以 1 km × 1 km 的正方形网格剖分，使用网格交点，以梅花形设置方式确定采样点，实际取样的有效采样点共 215 个。对湖面 215 个采样点的冰厚和水深进行了同步测量分析。结果表明，该时期乌梁素海的冰厚在 17 ～ 69 cm 间波动，平均值为 41 cm，标准偏差为 0.10，变异系数为 0.24；水深在 14 ～ 272 cm 间波动，平均值为 139 cm，标准偏差为 0.56，变异系数为 0.40，水深变异情况较冰厚大。乌梁素海的冰厚和水深空间的变异趋势分别如图 11 和图 12 所示。从图中可以看出，湖泊中部和西北部的冰厚较厚，南部和东北部的冰厚较薄；湖泊南部和北部的水深较深，中部的水深较浅，冰厚和水深的变化规律表现出相反的动态趋势。

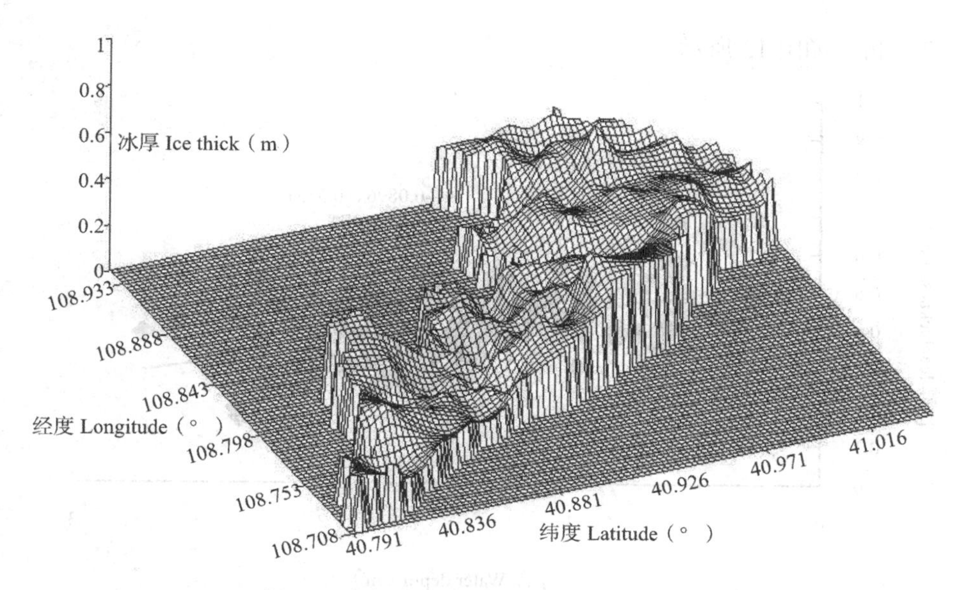

图 11　乌梁素海冰封期冰厚空间变异特征

Fig.11　Spatial variability of ice thickness on Wuliangsuhai lake during the Icebound Season

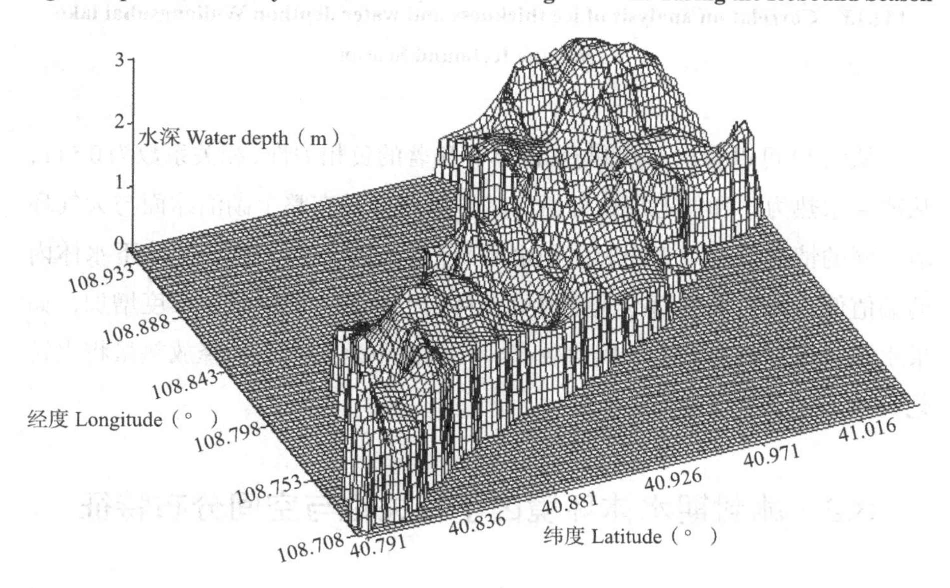

图 12　乌梁素海冰封期水深空间变异特征

Fig.12　Spatial variability of water depth on Wuliangsuhai lake during the Icebound Season

为了量化冰厚和水深的相关性，将 215 对冰厚和水深样本进行了相关性分析，如图 13 所示。

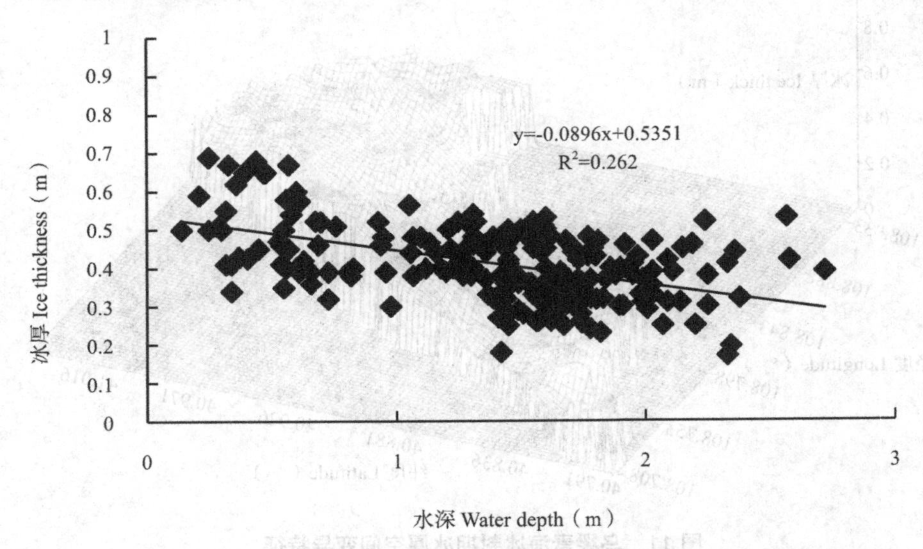

图 13　乌梁素海冰封期冰厚与水深的相关性分析

Fig.13　Correlation analysis of ice thickness and water depthon Wuliangsuhai lake during the Icebound Season

从图 13 可以看出，冰厚与水深具有显著的负相关性，相关系数为 0.511，从冰－水热力学和能态理论分析，其原因主要是在整个湖泊冰面与大气环境相同的情况下，对于同等面积水域而言，如果水深较浅，则冰下水体内的熵值低，冰－水界面冷通量将更容易向下传递，使得结冰厚度增加；如果水深较深，则水体内的熵值较高，使得冰下水表面不易释放热量将水转化为冰。

3.2　冰封期水体环境因子相关性与空间分布特征

为明确在冰封期，冰下水体中不同环境因素的变异过程，2017 年 2 月上旬，在对实际取样的 215 个有效采样点测量冰厚和水深过程中，同步现场原位测试了溶解氧（DO）、泥深（MD）、水温（WT）、电导率（EC）、 pH 值、氧化还原电位（ORP）、盐度（Salinity）、总溶解性固体（TDS）等水体环境因子。溶解氧是湖泊监测指标中重要的环境因子，溶解氧不仅是维护水生态系统自净能力的指标，也是维持水生态系统动态平衡的重要参数。溶解氧肩负着维持水生态系统中各类生物新陈代谢的重任，湖泊水体中溶解氧含量受到温度、大气压、光照、大气中气态氧等多种因子的影响，主要来源于大气复氧和植物光合作用释放氧。消耗溶解氧的途径主要为水体中好氧生物的呼吸作用和各类生化反应的耗氧过程。在冰封期，在冰下水体中溶解氧更加重要，主要是因为湖面结冰后，冰体阻碍了水体与大气的接触，水体主要的供氧来源截断，随着冰下水体中溶解氧的消耗，可能发生水体中氧耗竭的现象。当水体中氧大量减少时，水体中鱼类和底栖动物会死亡、水体氧化还原电位会降低，水质会恶化等。

为了分析水体诸多环境因子的相关特征，并将多个影响因子转化为少数因子，以此简化数据并提高研究结果的信度和精度，进行影响水体环境因子主成分分析，本研究首先对各指标数据进行了统计表述，结果见表 4。从表 4 中可以看出，冰下水体溶解氧在 1.03 ～ 9.96 mg/L 间波动，部分采样点处于缺氧、厌氧状态，极大地影响了水生态系统的平衡；水温均在 0℃以上，因在同一天中采集时间不同而导致变异系数较大；pH 值在 7.07 ～ 9.82 间波动，水体酸碱性表现为中性和弱碱性；乌梁素海 215 个采样点平均泥深为 0.889 m，主要是因为乌梁素海现存大量水草、芦苇，冬季湖中动植物残体较多，在微生物作用下形成大量腐殖质，致使泥深较深，最深处达到 2.17 m。水体中氧化还原电位变异系数达到 3，因受乌梁素海不同功能区影响，导致冰下水体中氧化还原电位数值差距很大，缺氧区域氧化还原电位出现了负值，且绝对值较高；冰下水深在 0.14 ～ 2.72 m 间波动，少数浅水区域不存在水深数值，直接全部结冰，冰厚处于 0.17 ～ 0.69 m 间。从统计表中还可以看出，电导率、盐度和总溶解性固体的变异系数十分相近，说明这三种环境指标可以衡量一个物质量。

表 4 环境指标数据统计描述

Table4 Descriptive of environmental index data statistics

环境指标	N	Min	Max	Mean	SD	C.V（%）
DO（mg/L）	215	1.03	9.96	5.995	2.59	43.20
MD（m）	215	0.2	2.17	0.889	0.39	43.36
WT（℃）	215	0.01	5.68	1.670	1.25	75.13
EC（ms/cm）	215	0.53	9.28	3.934	1.08	27.43
pH 值	215	7.07	9.82	8.282	0.48	5.79
ORP（mV）	215	−298.7	229.33	41.675	128.80	309.06
Salinity（ppt）	215	0.99	5.25	2.100	0.60	28.57
TDS（ppm）	215	765	5435	2 278.280	587.68	25.79
WD（m）	215	0.14	2.72	1.385	0.56	40.36
IT（m）	215	0.17	0.69	0.411	0.10	23.83

为了反映这 10 个环境指标的线性相关特性，在所有变量均为测量得到并呈现正态分布或接近正态的单峰对称分布的条件下，采用皮尔逊（Pearson）相关分析方法对各个环境指标进行了探讨，分析结果见表 5。从表 5 中可以看出，冰厚与水深呈现极显著相关关系（$P < 0.01$），水深大小直接影响水体中溶解氧的含量和氧化还原电位的数值，说明在相同水域面积条件下，如果水深较深，则水体体积大，水中含氧量高、氧化还原电位高，氧化还原电位与溶解氧含量呈现极显著正相关关系。如果水体中氧化还原电位低，尤其呈现负值，则将严重威胁水生态系统。水体中冰厚与水温呈现较好正相关性，如果水温高则水体热量不断向冰层转移。根据热力学原理，如果冰层温度高则不易继续向水层结冰。另外，从表 5 中发现，

水温与溶解氧、氧化还原电位呈显著正相关。然而，正常水温与饱和溶解氧的关系为负相关关系，随着水温升高，饱和溶解氧应不断降低，而本次分析结果与此相反，主要是由于冰封期水体与大气隔离，不能充足地得到大气复氧补给，并且受冰层和雪覆盖的影响，导致光合作用下降，影响冰下水体溶解氧含量。水体中溶解氧又因微生物耗氧等作用导致长期不同程度地缺氧，这与正常水温与饱和溶解氧关系的情景不同。从表 5 中还可以明显看出，电导率、盐度与总溶解性固体呈现极高相关性，相关系数均达到 0.8 左右，表明这三种表达环境指标的因子具有严格表达方式，可以通过函数关系进行换算。

在分析 215 个采样点位环境指标前，对数据进行巴特利特（Bartlett）球形检验和 KMO（Kaiser-Meyer-Olkin）检验，巴特利特球度检验的相伴概率为 0，可拒绝零假设，所有环境指标间的简单相关系数平方和大于偏相关系数平方和，KMO 值越接近于 1，而且 KMO 检验数值为 0.731 > 0.7，因此，适合环境因子的主成分分析。主成分分析结果见表 6。从表 6 可以看出，前 4 个主成分的累计方差贡献率达到了 80.33%，表明这 4 个主成分基本包含了 10 个环境指标信息，各个变量信息在 4 个主成分上的载荷都较高，因此可用 4 个新综合指标来代替原来 10 个环境指标。表 7 列出了环境指标前 4 个主成分的因子载荷矩阵。从表 7 中因子载荷的大小可以看出，第一主成分综合了溶解氧、氧化还原电位、水深 3 个因子的变异信息，方差贡献率为 39.85%，其中，氧化还原电位和溶解氧的因子载荷分别为 0.382 3 和 0.349 7；第二主成分综合了电导率、盐度、总溶解性固体 3 个因子的变异信息，方差贡献率为 21.09 %，3 个环境指标的因子载荷基本相同，表明这 3 个环境指标因子极显著，可以用其中任何一个变量进行度量；第三主成分综合了水温、pH 值、冰厚 3 个因子的变异信息，方差贡献率为 9.87%，其中，水温的因子载荷达到了 –0.620 2；第四主成分综合了泥深 1 个因子的变异信息，方差贡献率达 9.52%，泥深的因子载荷高达 0.854 2。

表 5　环境指标数据相关性分析

Table5　Correlation analysis of environmental index

水质因子	水深（m）	冰厚（m）	泥深（m）	水温（℃）	电导率（ms/cm）	pH 值	溶解氧（mg/L）	氧化还原电位（mV）	盐度（ppt）	TDS（ppm）
水深（m）	1	−0.511 9**	−0.069 0	0.330 8*	−0.221 9	0.378 8*	0.517 4**	0.607 4**	−0.267 0	−0.265 1
冰厚（m）		1	−0.068 6	−0.443 1**	0.349 0	−0.110 9	−0.371 8*	−0.506 9**	0.370 35	0.363 9
泥深（m）			1	−0.094 5	−0.194 3	−0.171 7	0.042 6	−0.000 2	−0.193 3	−0.213 4
水温（℃）				1	−0.109 6	0.195 0	0.317 0**	0.330 2**	−0.143 9	−0.187 2
电导率（ms/cm）					1	−0.012 6	−0.222 6	−0.278 8	0.832 2**	0.814 0**
pH 值						1	0.507 1	0.421 7	−0.088 4	−0.098 5
溶解氧（mg/L）							1	0.798 9**	−0.227 2	−0.248 0
氧化还原电位（mV）								1	−0.298 8	−0.294 3
盐度（ppt）									1	0.928 1**
TDS（ppm）										1

注：** 表示在 0.01 水平下极显著，* 表示在 0.05 水平下显著。

表 6　主成分分析结果

Table6　Analysis result of principal components

主成分	特征值	方差贡献率（%）	累计方差贡献率（%）
1	3.985 45	39.85%	39.85%
2	2.108 98	21.09%	60.94%
3	0.987 40	9.87%	70.82%
4	0.951 55	9.52%	80.33%
5	0.641 48	6.41%	86.75%
6	0.497 05	4.97%	91.72%
7	0.384 53	3.85%	95.56%
8	0.201 93	2.02%	97.58%
9	0.173 10	1.73%	99.31%
10	0.068 53	0.69%	100.00%

表 7　环境因子的 4 个主成分的因子载荷矩阵

Table7　Factor loading matrix of main four principal components for environmental index

环境因子	第一主成分	第二主成分	第三主成分	第四主成分
溶解氧（DO）	0.349 73	0.313 86	0.291 98	0.199 19
泥深（MD）	0.059 09	−0.291 81	0.163 44	0.854 17
水温（WT）	0.233 62	0.210 37	−0.620 23	−0.042 66
电导率（EC）	−0.346 06	0.408 71	−0.057 03	0.159 50
酸碱度（pH）	0.205 95	0.360 30	0.477 55	−0.253 23
氧化还原电位（ORP）	0.382 29	0.286 34	0.143 67	0.173 24
盐度（Salinity）	−0.371 78	0.403 35	−0.072 32	0.201 08
总溶性固体（TDS）	−0.374 28	0.394 21	−0.060 22	0.180 87

续表

环境因子	第一主成分	第二主成分	第三主成分	第四主成分
水深（WD）	0.340 00	0.265 53	−0.064 83	0.026 10
水厚（IT）	−0.342 63	−0.068 07	0.488 20	−0.188 36

从乌梁素海冰封期水环境因子主成分分析 Biplot 图（图 14）可以看出，可以把 215 个采样点位的 10 个环境指标分为 4 组，电导率、盐度和总溶解性固体因具有极为相似的表征水体中各种离子含量的特征，处于第二象限；冰厚和泥深间因无相关特性，分别位于第三象限和第四象限；溶解氧、氧化还原电位、水温等环境指标位于第一象限。主成分分析结果显示了不同象限所关联的环境指标因子。

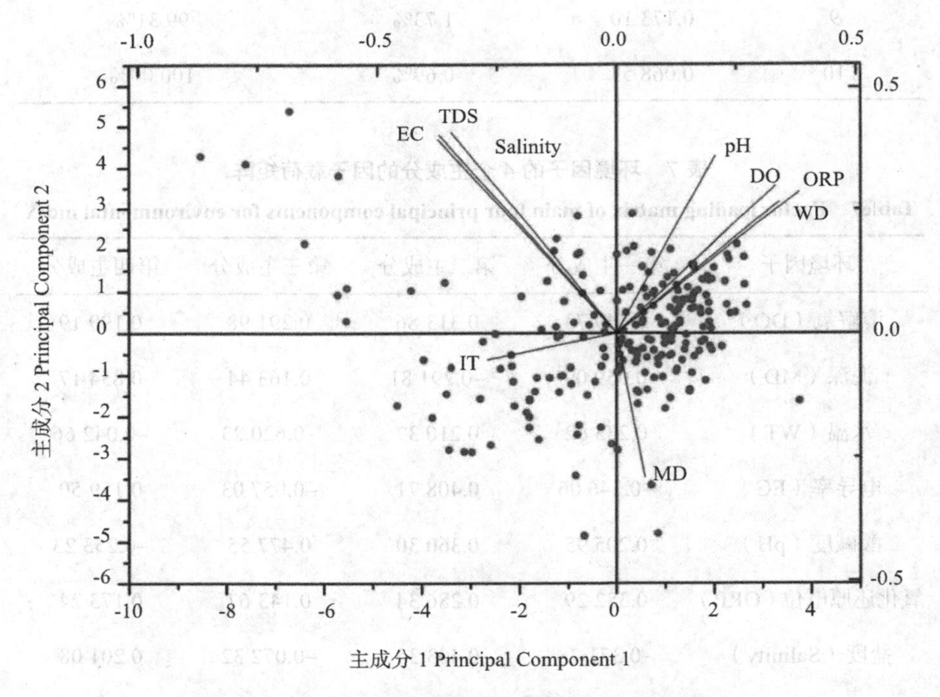

图 14 乌梁素海冰封期水环境因子主成分分析

Fig.14 Principal Component Analysis biplot for environmental index

为进一步明晰冰封期冰下水体中溶解氧（DO）、氧化还原电位（ORP）、水温（WT）、酸碱度（pH 值）、泥深（MD）、电导率（EC）、盐度（Salinity）和总溶性固体（TDS）的空间变异特征，分别绘制了以 215 个采样点为基础数据的各水体环境因子的三维图，如图 15 和图 16 所示。从图 15 中可以看出，溶解氧和氧化还原电位具有极显著相关特征。影响因子在乌梁素海的空间分布表现为中部低、南北高的特征。影响因子在乌梁素海大面积的挺水植物芦苇和水草均分布于中北部，冬季芦苇和水草等植物残体腐败后经过微生物分解转化形成腐殖质。微生物在分解阶段将消耗水体中大量的氧，同时冰封作用又阻碍了大气复氧，导致乌梁素海中北部区域溶解氧大量下降，呈现出较低的变化趋势；与此同时引起厌氧消化过程，在厌氧环境中会有一种嗜硫菌的厌氧微生物出现，以硫化物为原料并迅速生长和繁殖，将硫化物转化成硫化氢、氨气等有臭味的气体，这也验证了在现场取样过程中，水体发出恶臭气味的原因。乌梁素海其他区域因水生态系统

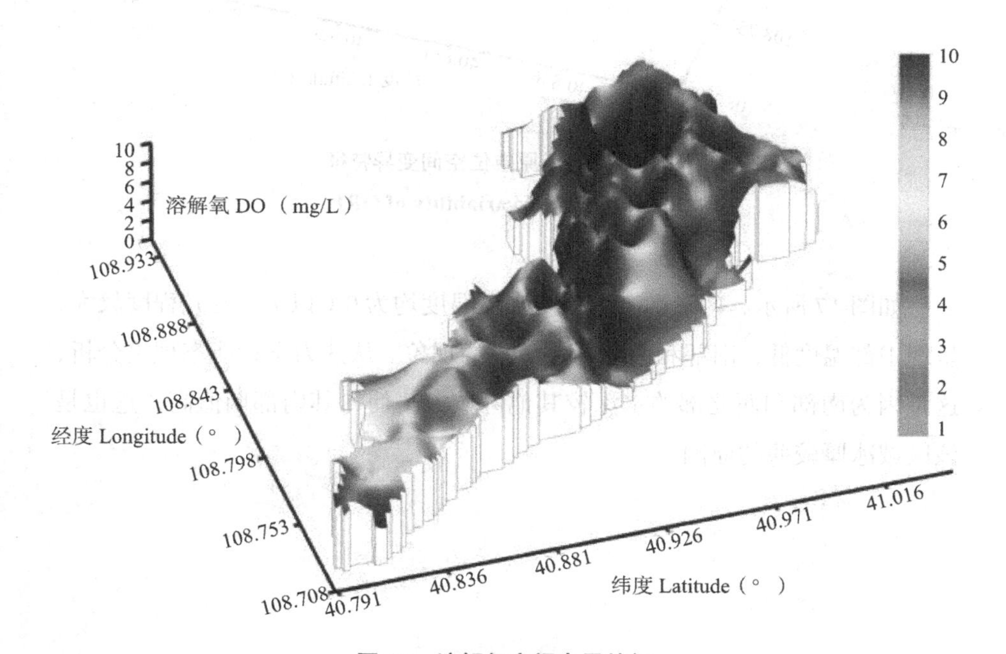

图 15　溶解氧空间变异特征

Fig.15　Spatial variability of dissolved oxygen

变化过程不同程度地消耗水体中的氧气，导致溶解氧局部波动。乌梁素海南部因其水深较深，冰厚较薄，同等面积条件下，水体的体积大，溶解氧的含量较高。

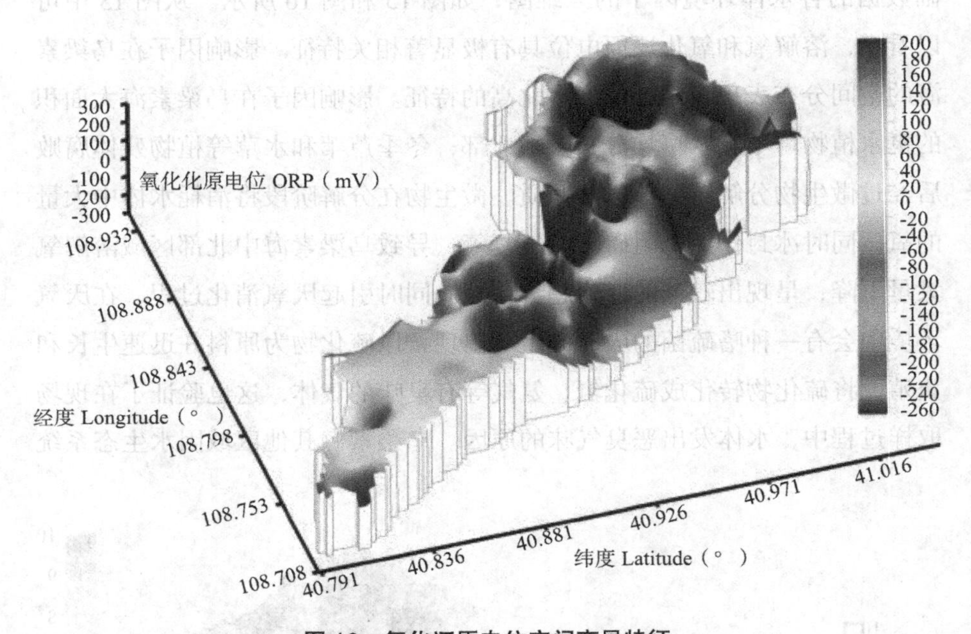

图 16　氧化还原电位空间变异特征

Fig.16　Spatial variability of ORP

如图 17 所示，乌梁素海冰封期水下温度均为 0℃以上，变异程度较大，呈现中部温度低，南部和西北部温度高的现象。从热力学和能态理论分析，这是因为南部和西北部的水深较其他区域深，使得其内部熵值高，这也是该区域冰厚较薄的原因。

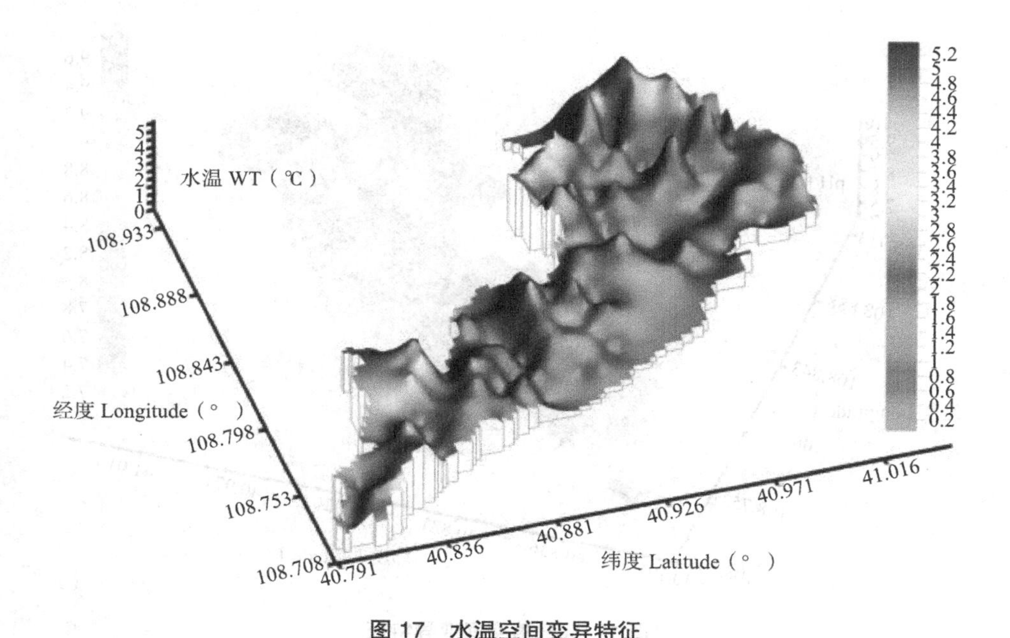

图 17　水温空间变异特征

Fig.17　Spatial variability of water temperature

如图 18 所示，从整个乌梁素海区域的酸碱度空间分布特征可以看出，pH 值变异较小，中部区域以中性为主，南部和北部以碱性为主，而中北部是乌梁素海挺水植物和沉水植物的主要聚集区，这也证明了植物适合中性的水域。pH 值偏高的水体并不适合水生植物生长，水体 pH 值达到 10 以上将会抑制水生植物生长，甚至导致植株死亡。乌梁素海总排干深道入口北部的 pH 值较高，主要是由于该区域与总排干渠道入口南部相比水体置换时间长，同时在长时间的蒸发导致 pH 值较高。

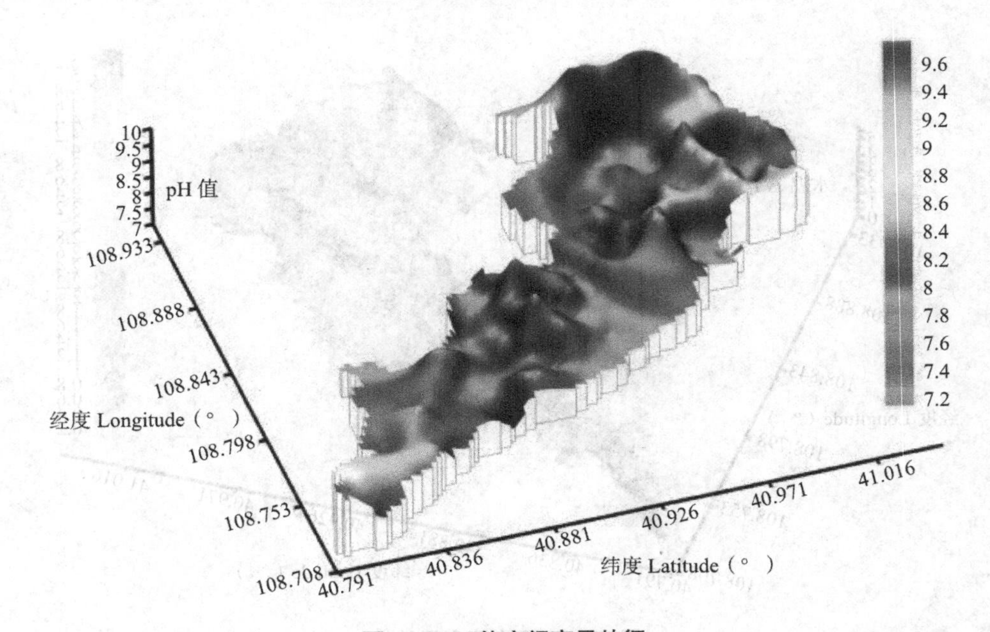

图 18　pH 值空间变异特征

Fig.18　Spatial variability of pH

如图 19 所示，乌梁素海分布着大面积的挺水植物区域和沉水植物区域。在这些区域，多年来腐败形成的大量腐殖质不断沉积在湖底，引起乌梁素海泥深变异较大，最深处高达 2.17m，全区域平均泥深接近 1m。乌梁素海南部的明水区分布着大量沉水植物，导致泥深加深；中部虽然大面积分布着挺水植物和沉水植物，但中东部泥深较浅，主要是因为芦苇的根系系统非常发达，芦苇分布区域底部十分坚硬，未按软泥处理。因此，该区域泥深较浅。而沉水植物分布较多的乌梁素海的中西部区域的情况不同，泥深加深，与沉水植物的根系特征不无关系。

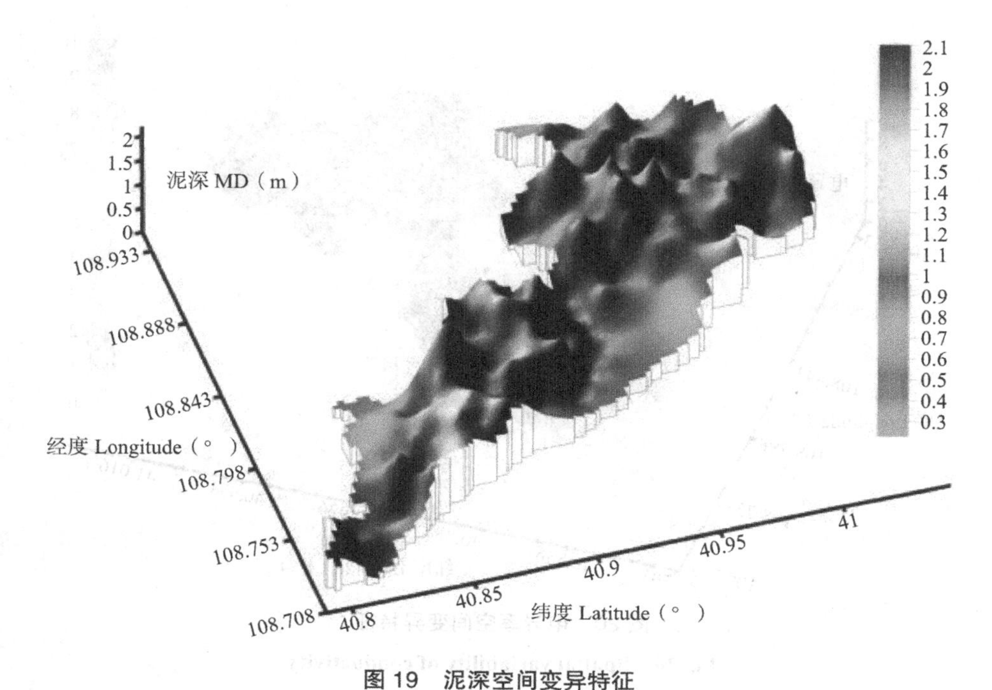

图 19　泥深空间变异特征

Fig.19　Spatial variability of mud depth

通过相关性分析和环境因子主成分分析可知，电导率、盐度和总溶解性固体 3 个环境指标表现为相关性极显著，如图 20、图 21 和图 22 所示。因此，空间分布特征十分相似，呈现出总排干渠道入口北部和东部高、西部和南部低的特征，分析其原因，这主要是乌梁素海水动力特征所致。乌梁素海水体从西北部总排干渠道进入以后，因挺水植物的阻碍，主流沿着乌梁素海西侧流向南侧，水体滞留时间短，盐分累计效应弱；而乌梁素海入口北侧和西侧水体流动缓慢，交换时间长，夏季在蒸发的影响下会不断积累盐分，导致该区域的盐分含量较高。尤其在冰封期的冬季，因冰体占据水体，加之冰体排盐的效应，致使该区域的盐分含量显著升高。

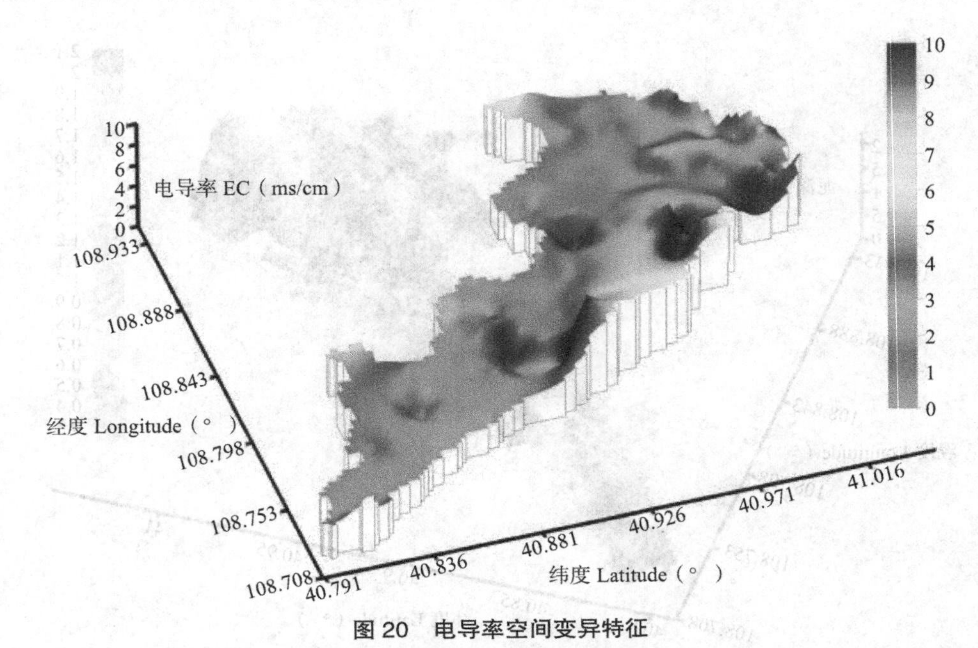

图 20　电导率空间变异特征

Fig.20　Spatial variability of conductivity

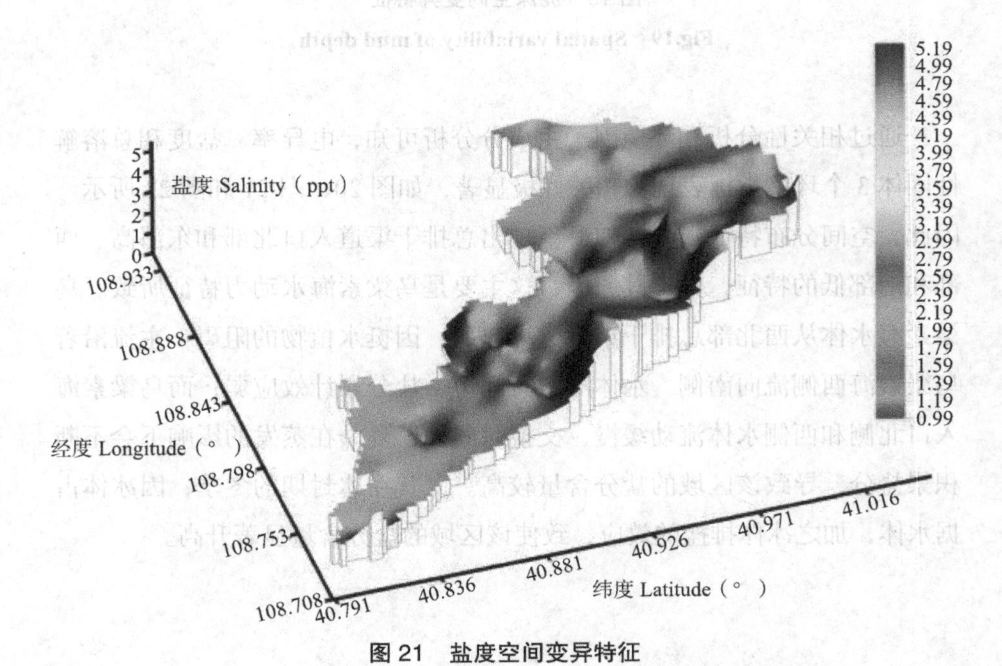

图 21　盐度空间变异特征

Fig.21　Spatial variability of salinity

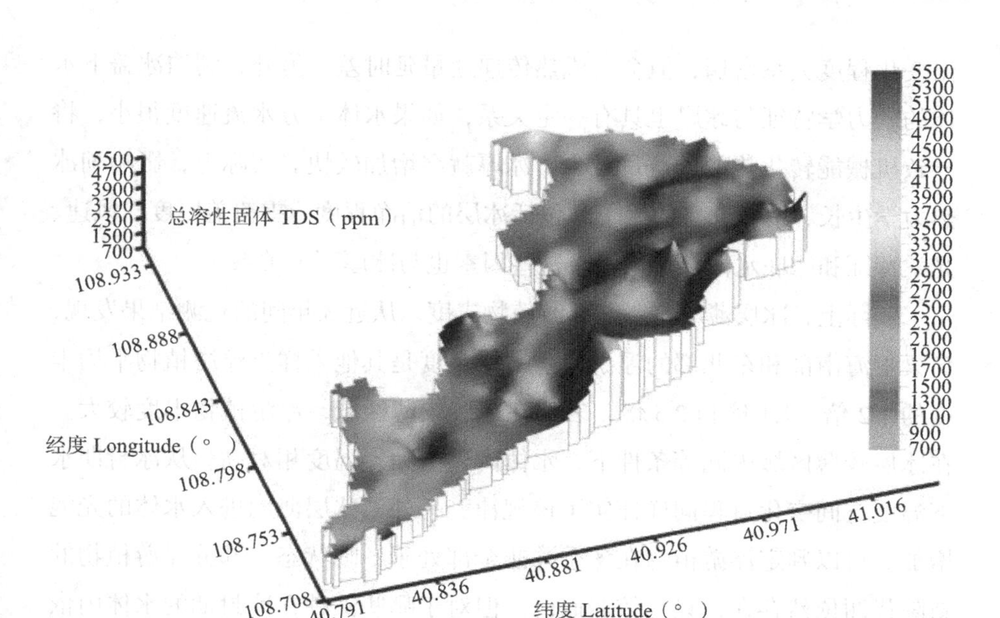

图 22　溶解性固体空间变异特征

Fig.22　Spatial variability of TDS

3.3　结果与讨论

3.3.1　冰厚和水深对浮游植物生长的影响

乌梁素海的冰封期长，冰－水介质物理形态分明，中部和西北部冰层厚，南部和东北部冰层薄，水深变化规律和冰厚表现为相反动态特征，呈现极显著相关关系（$P < 0.01$），相关系数为 0.511。从冰－水热力学和能态理论分析其原因主要是在整个湖泊冰面与大气环境相同的情况下，对于同等面积水域而言，如果水深浅，则冰下水体内熵值低，冰－水界面的冷通量将更容易向下传递，使得结冰厚度增加；如果水深较深，则水体内较高的熵值将使冰下水表面不易释放热量而将水转化为冰。因此，冰下水深不同，垂向热传递通量就不同。只有当水体温度降低到 0℃以下时，水体才会因放出热量而结冰。随着冰表面气温不断降低，为了形成能态平衡，冰盖下水体会不断向冰上方传递热量，使得热传导通量加大，加大程度与冰面气

温变化程度关系密切，但会形成热传递通量延时差。另外，湖泊冰盖下水体的动力学特征与冰厚也具有一定关系，如果水体下方水流速度很小，将导致机械能转化热能的数量减少，冰厚就会增加较快。实际上，影响湖冰热力学生长、消融动态的因子还包括冰层的洁净程度、雪覆盖厚度、风速、光学特征和冰底水体热通量等，这些因素也与冰厚不无关系。

实际上，冰层薄厚将影响浮游植物丰度。从近 3 年间的观测结果发现，乌梁素海南部和东北部的浮游植物平均丰度是其他采样点浮游植物平均丰度的 1.2 倍、1.1 倍和 2.5 倍，表明在冰层较薄区域，浮游植物丰度较大。在冰层较薄区域内同等条件下，水体内熵值大，温度相对高。从冰封期水下温度空间变化过程同样证实了该规律。另外，冰层薄则进入水体的光能增加。可以判定浮游植物在冬季并非全部处于冬眠状态，部分浮游植物的新陈代谢依然存在，只是较弱而已。但对于哪些藻种在冰封期的水体内依然活动，仅凭藻种丰度判断还不够充分，而只能断定其与温度、光照等因素有关。下一步研究应考虑优势藻种对光照和水温等因素的定量阈值及对其他环境因子的敏感性。在明确冬季优势藻种生长机理的条件下，可实施抑制其适宜生长的措施，进而大大降低春季水华暴发的概率。从目前查阅的国内外相关文献可知，该方面的研究还未见报道。

冬季浮游植物丰度高的区域决定了在该区域的其他季节浮游植物丰度也较高。从多年在不同季节的各采样点的浮游植物的空间丰度变异过程也验证了该结论。

3.3.2　水质因子关系趋同性分析

在冰体不同水质因子中，水深与氧化还原电位，水深与溶解氧，水温与溶解氧，电导率与盐度、总溶解性间均存在极显著相关性。为了减少现场测试指标的个数，提高测试效率、降低无效成本，可将测试水体环境指标进行主成分分析，分析结果表明溶解氧指标可以代替氧化还原电位，电导率、盐度、总溶解性固体 3 个水质因子具有极显著相关性，因此，在实际实验过程中仅测试水体电导率 1 项水质参数即可，冰层厚度可以反映水

体温度和水深等信息。从多个水质指标的相关性分析结果可知，泥深指标与本次现场测试的其他指标无相关关系，泥深主要与采样点处水生植物密度、水体流速等因子有关。在水生植物密集区，进入冬季后，水生植物将凋萎、腐败、沉积在水底，长期累积便形成较厚的腐殖质，因此该区域泥深较深。根据水力学理论可知，当水体流速大于不淤流速时，形成的软底质将被冲到水流方向下游，此处泥深相对较小；当水体流速小于不淤流速时，仅靠水动力条件无法移动软底质，泥深相对会较深。因此，在实验过程中应增加水体流速和水上水生植物样方的测定，进一步分析不同采样点处水体流速、水生植物密度和种类与环境因子的响应关系，加强冰封期水动力条件对浮游植物群落结构特征的影响。

4 冰封期与非冰封期浮游植物群落结构特征

乌梁素海的浮游植物物种具有多样性和丰富性，且在湖面不同功能区表现出不同的行为特征，尤其在冰封期和非冰封期会表现为显著差异。乌梁素海的冰封期长，流量小，浮游植物会在此期间为了应对环境变化而产生不同的生态效应。浮游植物群落结构特征在冰封期将发生显著变化，优势种也会因此而发生改变。因此，研究冰封期与非冰封期浮游植物群落结构特征对厘清乌梁素海水华发生机理和防治水体富营养化具有重要意义。

4.1 浮游植物物种组成特征

乌梁素海流域气候条件四季分明，昼夜温差大，具有长达 5 个月的水体冰封期，浮游植物群落结构特征与其生境条件具有明显的响应关系。通过 3 年间不同月份的 12 个采样点的鉴定结果可知（如图 23 所示），乌梁素海浮游植物隶属于 7 门 93 属 329 种，其中绿藻门 41 属 118 种，占总种数的 35.87 %；硅藻门 29 属 115 种，占总种数的 34.95 %；蓝藻门 15 属 61 种，占总种数的 18.54 %；裸藻门 4 属 27 种，占总种数的 8.21 %；甲藻门 2 属 5 种，占总种数的 1.52 %；隐藻门 1 属 2 种，占总种数的 0.61 %；金藻门 1 属 1 种，占总种数的 0.30 %。结果显示，乌梁素海的浮游植物硅藻门和绿藻门所占比例相当，硅藻门、绿藻门和蓝藻门占整体浮游植物物种组成的 89.36 %，占有绝对优势。绿藻门和硅藻门物种占绝对优势，均远大于蓝藻门。可见，多年间乌梁素海的浮游植物的物种组成以硅藻门、绿

藻门为主，以蓝藻门为辅，其他门类占有比例不足10%。

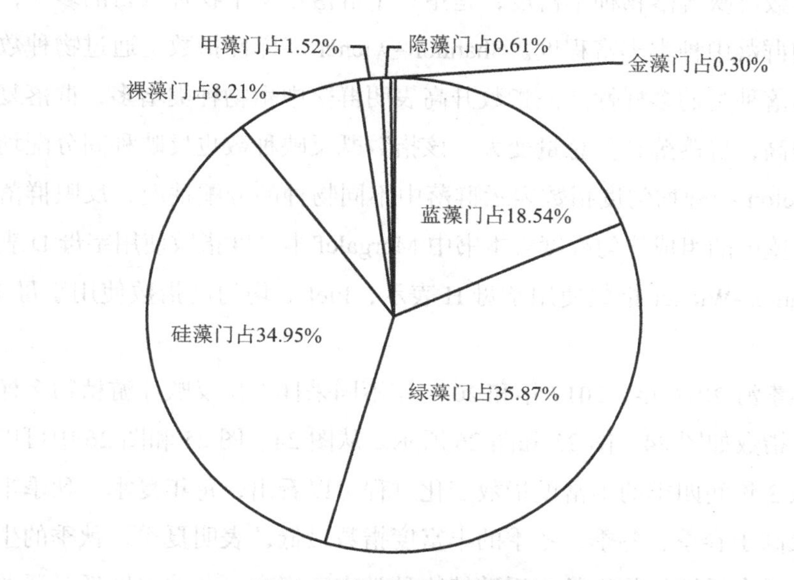

图23 3年间浮游植物物种组成比例

Fig.23 Proportion of phytoplankton species composition

4.2 浮游植物多样性变化特征

生物多样性是指在特定的时间和空间内各类生物物种及其遗传、变异和生态系统的总称。物种多样性属于生物多样性的一类，物种多样性是群落的重要特征。物种多样性不仅指特定区域内物种丰富程度，也指物种分布的均匀程度，又称为群落多样性物种多样性是群落的重要特征。物种多样性指数是物种丰富度和均匀度的函数，是以数学公式描述群落结构特征的一种方法。如果浮游植物群落的种类数越多，群落结构越复杂，则表明该群落的生态平衡功能强，生态群落系统也越稳定；反之，则该生态群落系统不稳定。为了探讨乌梁素海3年间冰封期与非冰封期浮游植物多样性变化过程，以常用表达浮游植物多样性的3个指标表述，分别为Margalef

丰富度指数、Shannon–wiener 多样性指数、Pielou 均匀度指数。Margalef 丰富度指数反映群落物种丰富度，是指一个群落生境中物种数目的多少，表示生物群落中种类丰富程度。Shannon–wiener 多样性指数是通过物种数量反映群落种类的多样性。该指数升高表明群落中生物种类增多，群落复杂程度增高，群落蕴含信息量变大；该指数既反映种数也反映种间分配均匀性。Pielou 物种均匀度指数表示群落中不同物种的分配情况，反映群落在某一生境中的组成均匀程度。本书中 Margalef 丰富度指数使用字母 D 表示，Shannon–Wiener 指数使用字母 H 表示，Pielou 均匀度指数使用字母 J 表示。

乌梁素海 2016 年、2017 年和 2018 年不同采样点位反映浮游植物多样性的 3 个指数如图 24、图 25 和图 26 所示。从图 24、图 25 和图 26 中可以看出，从 3 年间四季的丰富度指数变化过程可以看出，每年夏季、秋季丰富度指数高于春季、冬季，冬季的丰富度指数最低，表明夏季、秋季的生境条件更适合浮游植物生长，浮游植物种类丰富度高。冬季温度低，浮游植物的丰富程度随之降低，种的数量较少。2016 年，四季的丰富度指数在 1.00 ～ 6.45 间波动，平均值为 3.47 ± 1.01；2017 年，四季的丰富度指数在 1.22 ～ 6.79 间波动，平均值为 3.95 ± 1.35；2018 年，四季的丰富度指数在 0.26 ～ 6.29 间波动，平均值为 3.05 ± 1.06。2017 年春季、夏季的浮游植物的丰富度指数整体高于 2016 年和 2018 年，这与该时期水体中营养盐的浓度和比例密切相关。如果浮游植物丰富度指数高，就表明水体中适合浮游植物生长的营养盐的浓度和比例低，水体污染轻。另外，从采样点空间分布角度可以看出，乌梁素海中南部采样点 L15、N13、DBK、O10、Q8 和 Q10 的丰富度指数较高。这是因为乌梁素海中部分布着大量水生植物，水生植物吸收水体内氮、磷等营养盐，导致水体中营养盐含量相对较低；加之乌梁素海南部冰层较薄，水温和光照条件较好，因此，浮游植物的丰富度较高。乌梁素海的水体从北部向南部移动。在流动过程中，水体不断自净，加之水生生物体的吸收，南部水体水质较好。因此，2018 年乌梁素海南部 ED、HH、HK 等采样点的浮游植物的丰富度也较高。

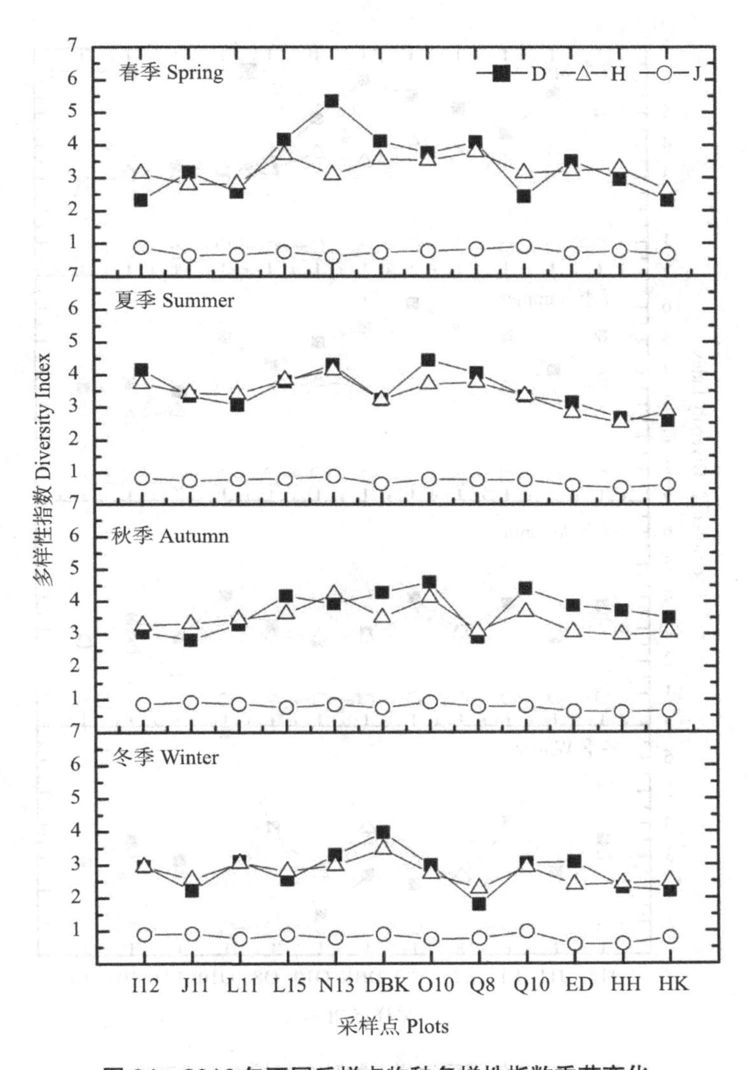

图 24 2016 年不同采样点物种多样性指数季节变化

Fig.24 Seasonal variation of species diversity indexes in 2016 year

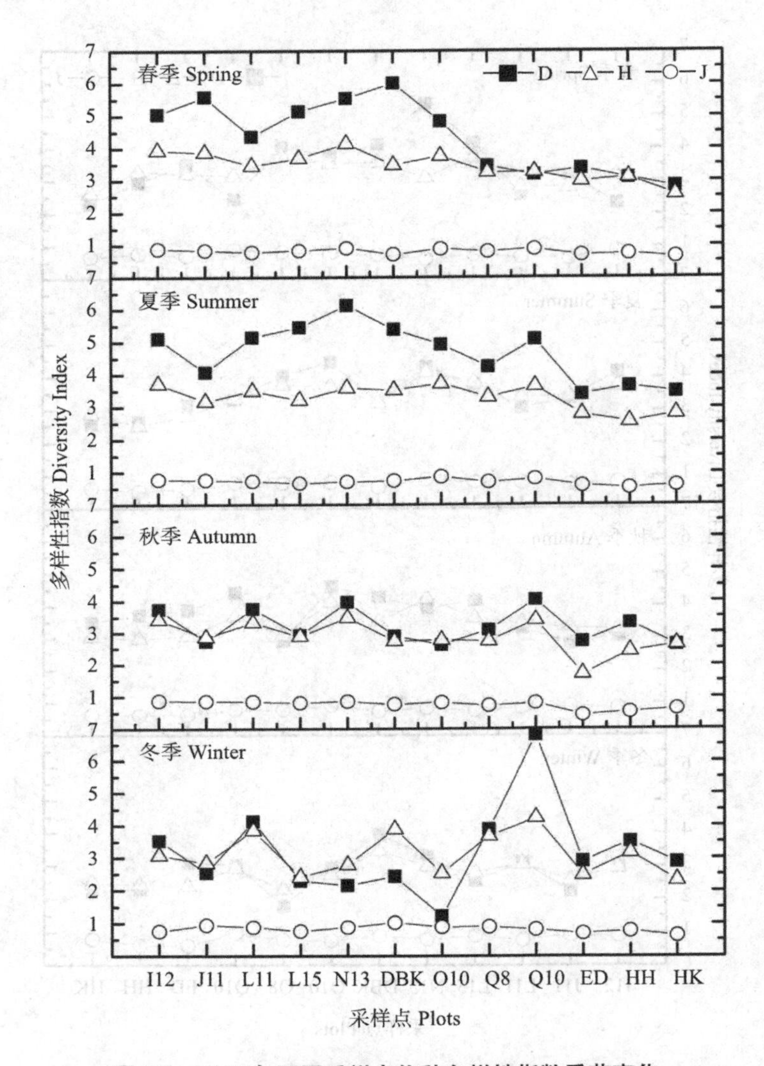

图 25　2017 年不同采样点物种多样性指数季节变化

Fig.25　Seasonal variation of species diversity indexes in 2017 year

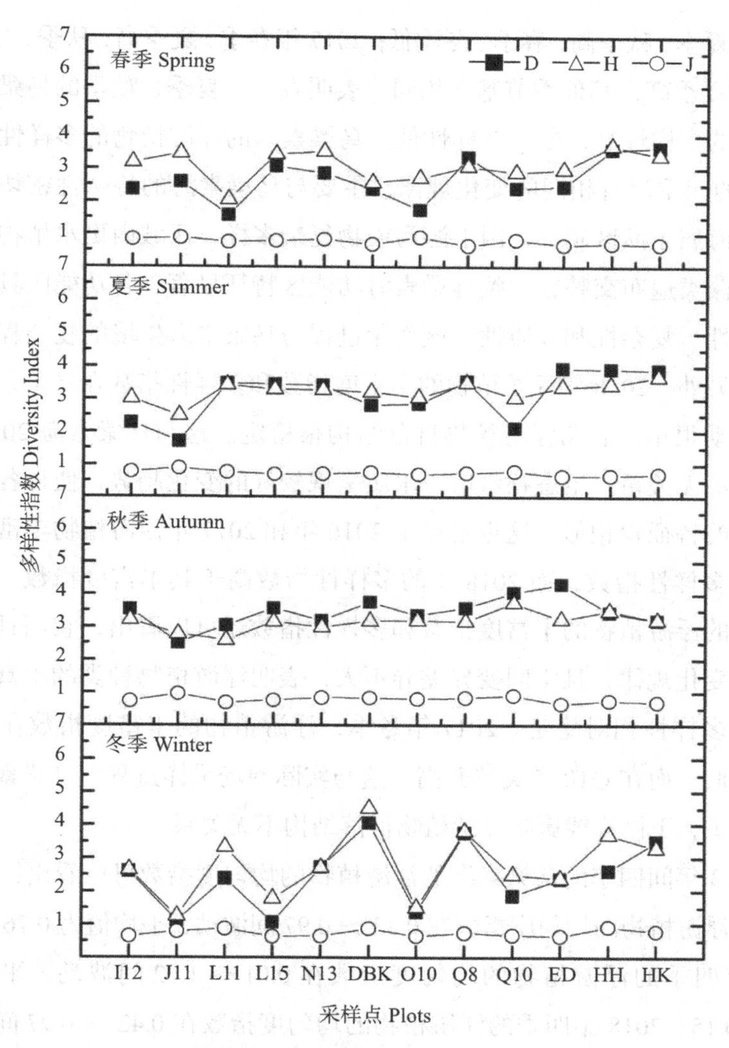

图 26　2018 年不同采样点物种多样性指数季节变化

Fig.26　Seasonal variation of species diversity indexes in 2018 year

2016 年，浮游植物的多样性指数在 1.81 ～ 4.73 间变化，平均值为 3.30 ± 0.64；2017 年，浮游植物的多样性指数在 0.06 ～ 4.45 间变化，平均值为 3.16 ± 0.69；2018 年，浮游植物的多样性指数在 0.72 ～ 4.33 间变化，平均值为 3.17 ± 0.67。从 3 年间四季的浮游植物的多样性指数可以看出，

2016年夏季、秋季高，春季、冬季低；2017年春季、夏季高，秋季、冬季低；2018年夏季高，其他季节基本相同，表明春季、夏季、秋季的乌梁素海群落种类的多样性高，冬季多样性低。乌梁素海的浮游植物的多样性指数在3年间的四季没有相同的变化规律，主要与乌梁素海的特殊性密切相关。乌梁素海属于灌区湖泊，因上游污染物复杂多样，区域内挺水植物、沉水植物和藻类遍布交替，导致乌梁素海功能区特征显著，各功能区具有显著的多样性、复杂性和异质性。该变化过程与乌梁素海生境的复杂程度密切相关。另外，2018年浮游植物的丰富度指数和多样性指数在乌梁素海不同区域波动很小，表明浮游植物群落结构很稳定。这与乌梁素海2018年生态补水不无关系。生态补水后，水质呈现较好的变化趋势，使得各个生态功能区的特征较相似，这也解释了2016年和2017年浮游植物丰富度指数高于其多样性指数，而2018年的多样性指数高于其丰富度指数。从3年间四季的浮游植物的丰富度指数和多样性指数还可以看出，它们具有十分相似的变化规律，且空间变异差异不大，表明浮游植物种类的丰富程度和物种的多样性相对稳定。2017年冬季，浮游植物的丰富度指数在O10点突然降低，而在Q10点突然升高，这与实际现场采样过程中乌梁素海冬季开冰捕鱼，下网穿线影响浮游植物群落结构不无关系。

从3年间四季的乌梁素海的浮游植物的均匀度指数可以看出，2016年四季的浮游植物的均匀度指数在0.33～0.97间波动，平均值为0.76±0.13；2017年四季的浮游植物的均匀度指数在0.01～1.02间波动，平均值为0.76±0.15；2018年四季的浮游植物的均匀度指数在0.42～0.97间波动，平均值为0.77±0.11。可见，不同采样点在3年间四季的浮游植物的均匀度指数波动很小，基本处于稳定变化过程，表明乌梁素海的浮游植物群落结构长期处于稳定平衡状态。另外，3年间冬季冰下水体中浮游植物的均匀度指数偏高，表明乌梁素海冬季浮游植物是不可忽视的，冬季浮游植物种属组成的均匀程度较好。从乌梁素海3年间四季的空间变化过程可知，浮游植物的均匀度指数变化仍然很小，变异系数仅为0.17，而其多样性指数变异系数超过了0.20，丰富度指数变异系数已超过0.30。因此，从3年间四

季的乌梁素海浮游植物的多样性变化过程可知，乌梁素海的浮游植物群落结构特征和变化过程能够处于稳定状态，未发现引起生态失衡的影响因素。

4.3 浮游植物与污染物时空变异特征

浮游植物是水体中悬浮生活的藻类，也是湖泊生态系统中主要浮游生物之一。对于水域初级生产者，浮游植物不仅可以作为水体中鱼类和其他动物直接或间接的饵料，通过光合作用还是水中溶解氧的主要来源，在湖泊生态的物质循环转换过程中起着重要作用。浮游植物的生长、发展、衰落、消亡过程，以及群落结构、种类组成、区域分布等状况均离不开水环境的生境条件。生境条件由多种环境因子构成，通常可分为物理环境、化学环境和生物环境。物理环境主要包括水体动力因素、水温、光照、透明度等；化学环境主要包括水体中不同形态氮、不同形态磷、盐度、酸碱度等；生物环境主要指水体中鱼类、浮游动物等。生境的时空变异特征和规律与浮游植物群落结构特征变化具有直接或间接的响应关系。本书为了揭示冰封期和非冰封期乌梁素海浮游植物和污染物质时空变异规律和响应关系，绘制了浮游植物丰度指数、总氮、总磷、氮磷比、化学需氧量、电导率和叶绿素 a 的年、季、月变化过程图。

4.3.1 浮游植物及优势种丰度时间变化过程

2016 年、2017 年和 2018 年乌梁素海中 7 门浮游植物在 12 个采样点的丰度平均值变化过程如图 27 所示。从图 27 中可以看出，蓝藻门的丰度与其他门类相比有绝对优势，2016 年、2017 年和 2018 年蓝藻门各月平均丰度分别占浮游植物总平均丰度的 61.2%、59.6% 和 54.2%，其次是绿藻门（19.9%、15.4 % 和 22.2%）和硅藻门（13.9 %、20.2 % 和 19.0 %）。2016 年、2017 年和 2018 年蓝藻门、绿藻门和硅藻门的丰度之和占浮游植物总丰度的 94.9%、95.1% 和 95.4%。由此可见，乌梁素海浮游植物以该 3 门为主。乌梁素海中 7 门浮游植物在 3 年内各月的变化趋势基本相同，浮游植物群

落结构呈现出蓝－绿－硅型。

从图 27 中可以看出，浮游植物群落结构发生如下变化：

（1）2016 年和 2017 年 1 月冰封期，水体中硅藻门的丰度高于蓝藻门和绿藻门的丰度，呈现出硅－蓝－绿型。2018 年冰封期，浮游植物群落结构呈现蓝－绿－硅型。2016 年、2017 年和 2018 年冰封期，硅藻门的丰度与浮游植物的总丰度的比例是非冰封期的 2.55 倍、1.75 倍和 0.70 倍，这与 2018 年生态补水后水质较好密切相关。硅藻适合生长在低温、污染较重的水体中，水质改善后，硅藻的丰度下降。

（2）在冰封期水体中，甲藻门的丰度显著高于其在非冰封期水体中的丰度。2016 年、2017 年和 2018 年冰封期各采样点的甲藻门的丰度是非冰封期各月采样点浮游植物的丰度平均值的 7.3 倍、3.8 倍和 3.3 倍，表明甲藻适合水温较低、光照较弱的生境，且耐污染性好。

（3）裸藻门浮游生物在全年各月均有出现，3 年间冰封期各月裸藻的丰度均较大，4 月裸藻的丰度突然增加，随后各月裸藻的丰度不断缓慢降低到其在冰封期的丰度以下，3 年内冬季裸藻的丰度分别是 5 月、6 月、7 月、8 月、9 月、10 月和 11 月的丰度平均值的 3.25 倍、2.8 倍和 1.25 倍，4 月裸藻丰度分别是 5 月、6 月、7 月、8 月、9 月、10 月和 11 月丰度平均值的 6.07 倍、8.73 倍和 1.97 倍，可见裸藻耐低温，但大量繁殖时依赖温度变化，温度过低和过高均不适合裸藻生长，但相比于高温，裸藻更适合在低温条件下生长。乌梁素海 4 月的平均气温为 5 ～ 15℃变化，裸藻最适宜生长的温度为 10℃左右，气温低于 5℃或高于 15℃都不利于裸藻繁殖，但裸藻更喜好低温。

（4）3 年内冰封期采样点中未发现隐藻门种类存在。隐藻门在非冰封期随着 2016 年、2017 年和 2018 年年际变化，在 12 个采样点中出现的概率不断降低，表明隐藻门种类的繁殖不适合在低温条件下进行。隐藻门具有一定抗污染能力，水质状况越好其出现概率越小。

（5）金藻门种类 3 年各月 12 个采样点中仅出现在水质条件良好的 2018 年，表明金藻种类不具有抗污染能力，在水质优良水体中才可能出现。

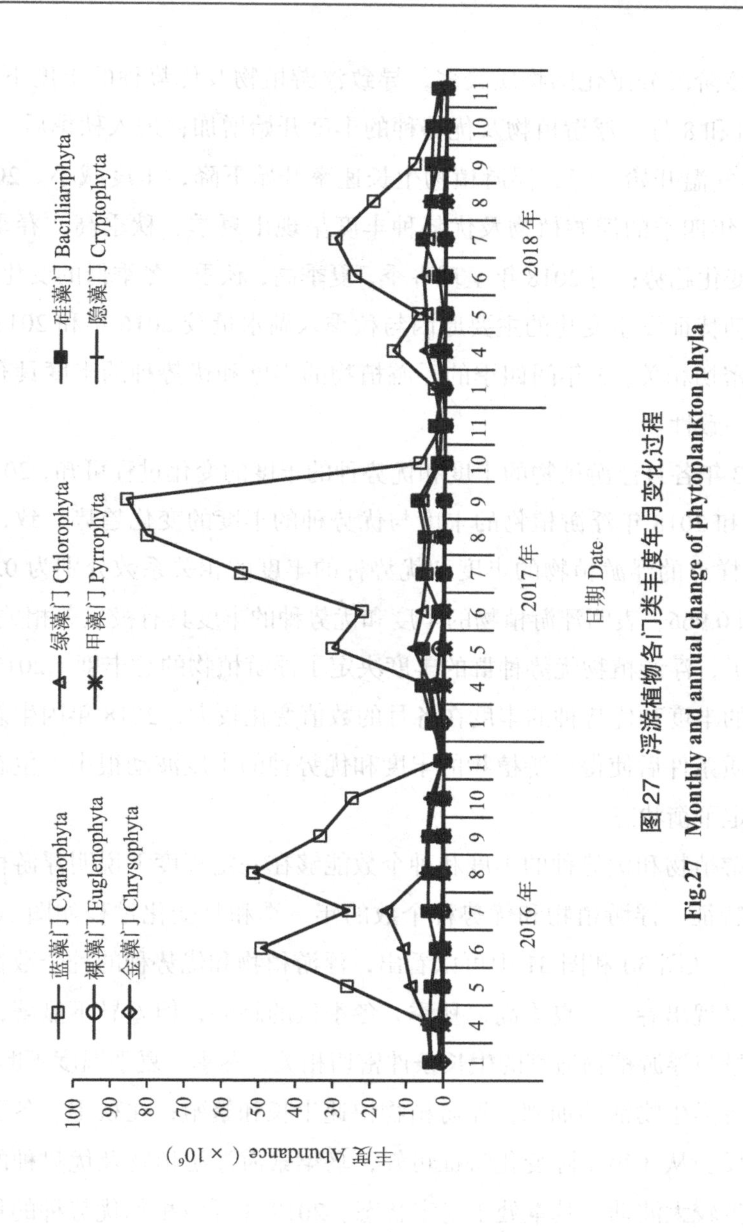

图 27 浮游植物各门类丰度年月变化过程

Fig.27 Monthly and annual change of phytoplankton phyla

从图 28 和图 29 中可以看出浮游植物及优势种丰度的年、季、月变化过程。冬季浮游植物基本处于休眠状态，浮游植物及优势种丰度值最低，随着气温升高，浮游植物开始快速生长，丰度不断增大，4 月和 5 月是水生植物快速生长的时期，因水生植物和浮游植物竞争营养盐，加之，水生植物在该阶段分泌化感物质较多，导致浮游植物及优势种的丰度下降；6月、7月和8月，浮游植物及优势种的丰度开始增加；进入秋季后，10月和11月气温开始下降，浮游植物生长速率开始下降，丰度减小。2016年和2017年四季的浮游植物及优势种丰度呈现出夏季、秋季高，春季、冬季低的变化趋势；而2018年呈现春季、夏季高，秋季、冬季低的变化趋势，季节波动特征发生变化的主要原因与秋季入湖水量较2016年和2017年显著增加密切相关。3年间四季的浮游植物的丰度和优势种的丰度具有十分相似的一致性。

从3年各月浮游植物的丰度和优势种的丰度的变化过程可知，2016年、2017年和2018年浮游植物的丰度与优势种的丰度的变化趋势一致，各月12个采样点的浮游植物的丰度和优势种的丰度的相关系数分别为0.993、0.989和0.966，表明浮游植物的丰度和优势种的丰度具有极显著相关性（$P < 0.01$），浮游植物优势种群的丰度决定了浮游植物的总丰度。2017年浮游植物的丰度和优势种的丰度在各月的数值变化较大，2018年因生态补水改善水质条件后使得浮游植物的丰度和优势种的丰度波动很小，生态系统处于稳定平衡状态。

浮游植物和优势种的丰度和种个数能够在一定程度上说明浮游植物群落结构特征。浮游植物和优势种个数的年、季和月变化过程如图30和图31所示。从图30和图31中可以看出，浮游植物和优势种的种个数在3年间四季呈现出春季、夏季高，秋季、冬季低的趋势，但差异不显著，可见种类数量与浮游植物适宜的生长条件密切相关，春季、夏季温度不断升高，水体中各类生物活动加剧，浮游植物快速生长和繁殖；在秋季、冬季与此情况相反。从3年年际变化特征可知，乌梁素海浮游植物及优势种的种数量未发生较大波动，基本处于稳定状态。2017年浮游植物优势种的种数量在冬季较高，可能与2017年冬季水体生境发生特殊变化，出现偏突针杆藻小头变种、鱼形裸藻球状变种等因素有关。优势种的种数量在3年间占浮游植物的种数量的20%～42%，其中在春季占比较大，表明浮游植物的快速生长、繁殖可以大大提高优势种的种数量。

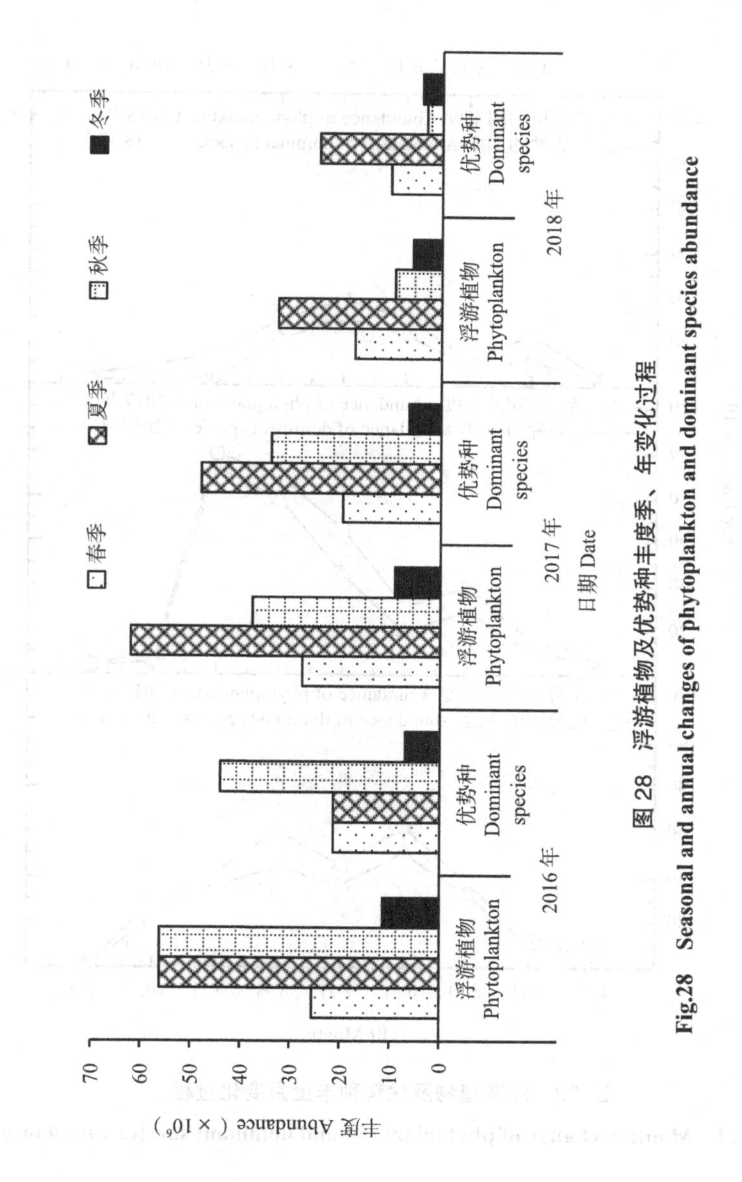

图 28 浮游植物及优势种丰度季、年变化过程

Fig.28 Seasonal and annual changes of phytoplankton and dominant species abundance

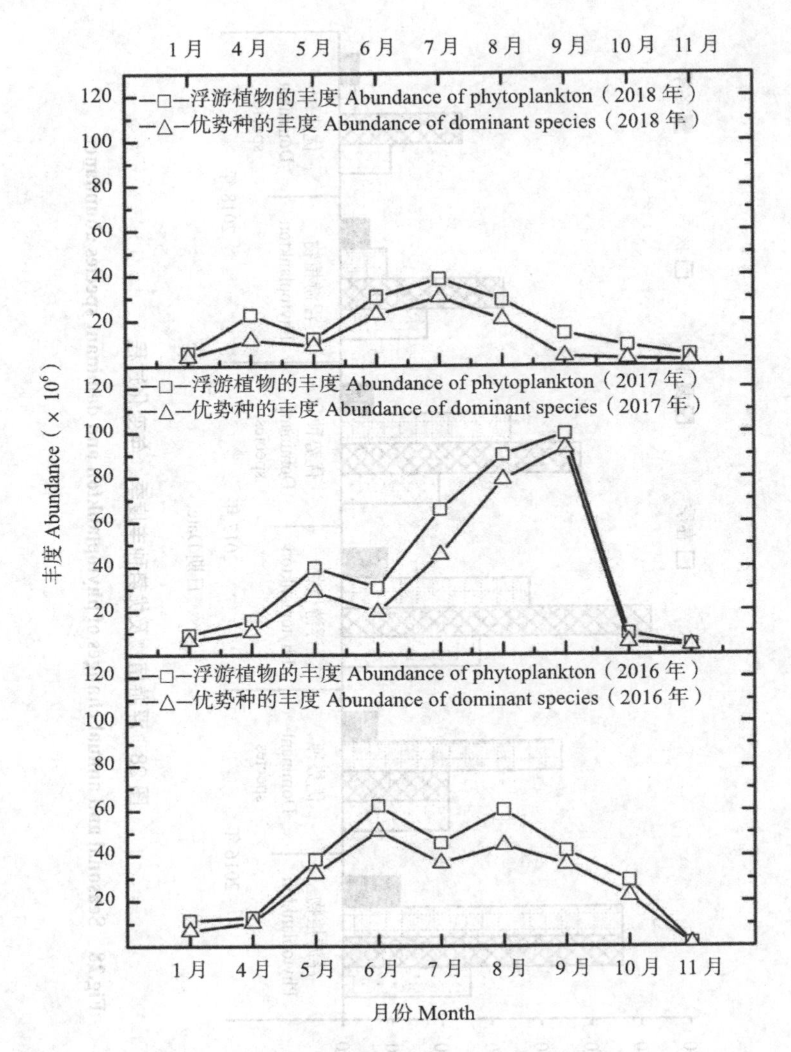

图 29　浮游植物及优势种丰度月变化过程

Fig.29　Monthly change of phytoplankton and dominant species abundance

从浮游植物及优势种的种个数的月变化过程可以看出，全湖 3 年内各月中，6 月浮游植物及优势种的种数量较少，与该时期水生植物快速生长，植物化感作用抑制了藻种的产生有关。种数量从 4 月、5 月开始增加，6 月、7 月减少，8 月再次增加，进入 10 月和 11 月种数量开始减少。从各个监测时期看，各月种数量变化相差不大，个别月份出现浮游植物的种数量与优势种的种数量变化相反的趋势。可见，随着温度、日照时数、入流水量、营养盐浓度和浮游植物生育期等因素变化，浮游植物的种数量和优势种的种数量也发生了相应变化。

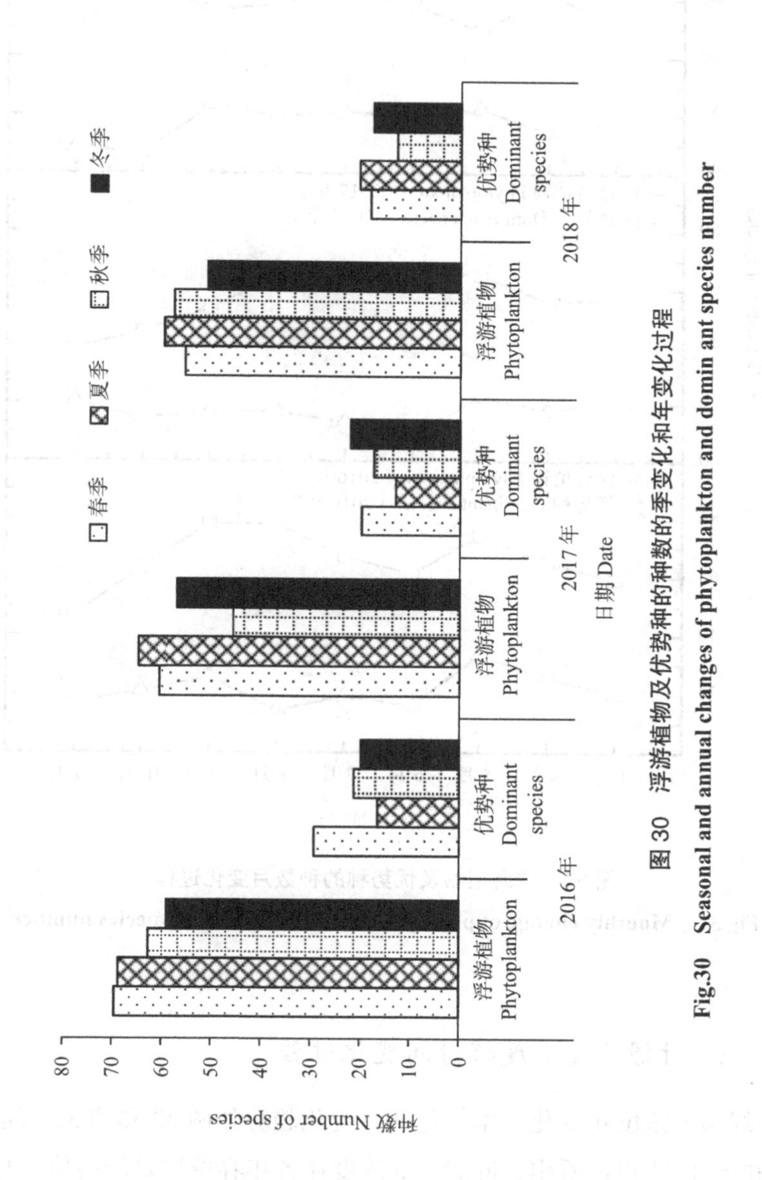

图 30 浮游植物及优势种的种数的季变化和年变化过程

Fig.30 Seasonal and annual changes of phytoplankton and domin ant species number

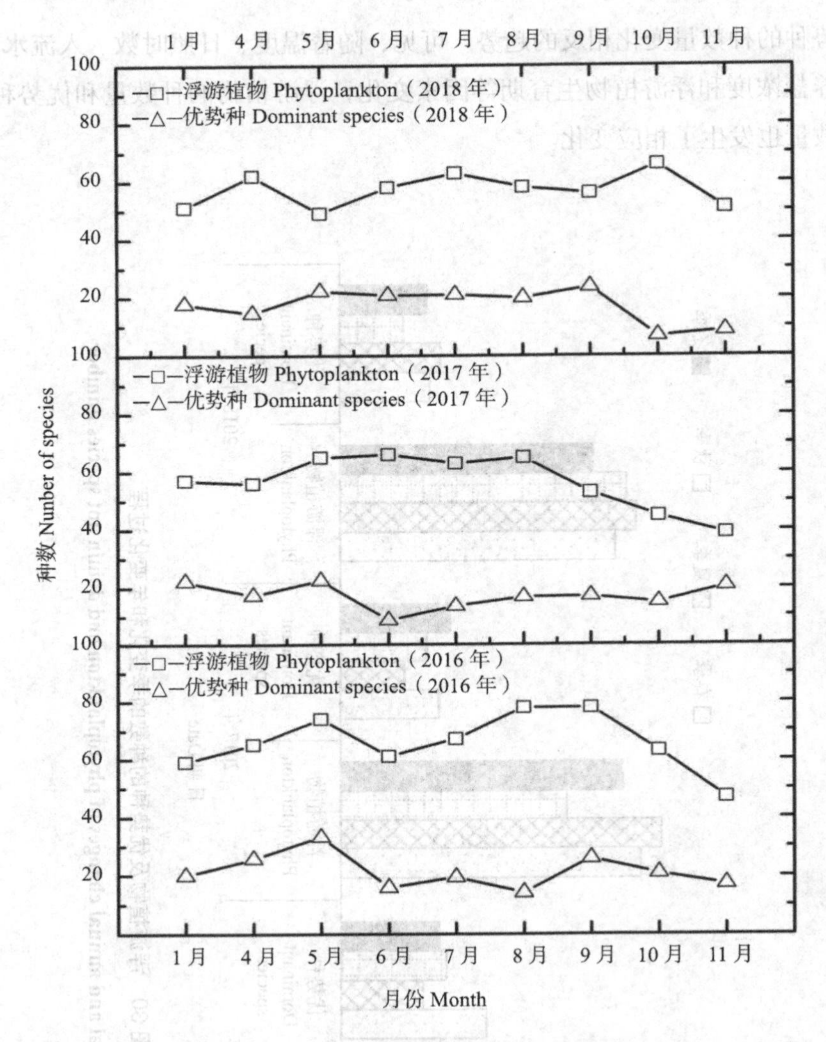

图 31　浮游植物及优势种的种数月变化过程

Fig.31　Monthly change of phytoplankton and dominant species number

4.3.2　叶绿素 a 浓度随时间变化过程

叶绿素 a 浓度年变化、季变化和月变化趋势如图 32 和图 33 所示。从图 32 和图 33 中可以看出，叶绿素 a 浓度在各年春季均是较高值，夏季开始下降，秋季处于较低值。春季冰融后，温度开始升高，水体中浮游植物的生长较快；夏季，浮游植物在适宜的温度和光照条件下，依然处于生长状态，但生长速率较慢；秋季，随着气温下降，水温随之降低，光照强度减弱，浮游植物处于衰落阶段，加之，河套灌区秋浇引起入湖水量增加，对叶绿素a浓度起到一定的稀释作用。因此，秋季，叶绿素a浓度下降。冬季，叶绿素a浓度较秋季高，虽然冬季水体生境条件导致除少数浮游植物缓慢生长外，其他种类基本处于“休眠”状态，但冬季结冰过程的排斥效应引起叶绿素a向水体迁移，使得冬季水体中叶绿素a浓度升高，加之冬季乌梁素海入湖水量是全年中最少的时期，整个乌梁素海的水量最少，起到了浓缩叶绿素a的作用，因此，导致叶绿素a浓度增高。虽然冬季叶绿素a浓度较高，但叶绿素a的总量少于其他季节。2017年春季叶绿素a浓度突然升高（达到2016年和2018年平均值的1.85倍），与春季优势藻种快速、大量生长密切相关。因2017年春季叶绿素a浓度突然升高导致全年叶绿素a平均浓度达12.72 mg/m^3，2016年全年叶绿素a平均浓度达9.34 mg/m^3，2018年全年叶绿素a平均浓度达9.08 mg/m^3，2016年和2018年相比差异不显著（$P > 0.05$）。从3年间在12个采样点不同月份的叶绿素a浓度的平均值可以看出，1月叶绿素a浓度处于较高状态，主要是由于冰体排斥效应和水体浓缩效应导致。2016年5月和2017年4月叶绿素a浓度突然

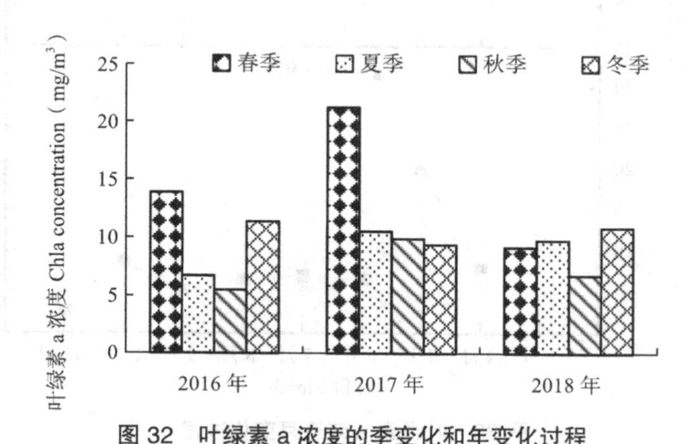

图32　叶绿素a浓度的季变化和年变化过程

Fig.32　Seasonal and annual changes of Chla concentration

增加是藻类"水华"爆发的预兆，由单一种大量繁殖造成。2018 年未出现此类现象与 2018 年冬季生态补水，改善了水质条件有一定的关系。6 月、7 月、8 月、9 月叶绿素 a 浓度波动不大，基本呈先高再低的趋势，主要与藻类在该时期所处生境条件相关。不同水温、光照、营养盐等环境条件决定了浮游植物的生长速率。10 月和 11 月叶绿素 a 浓度降低主要与秋浇稀释和浮游植物生长动力不足有关。

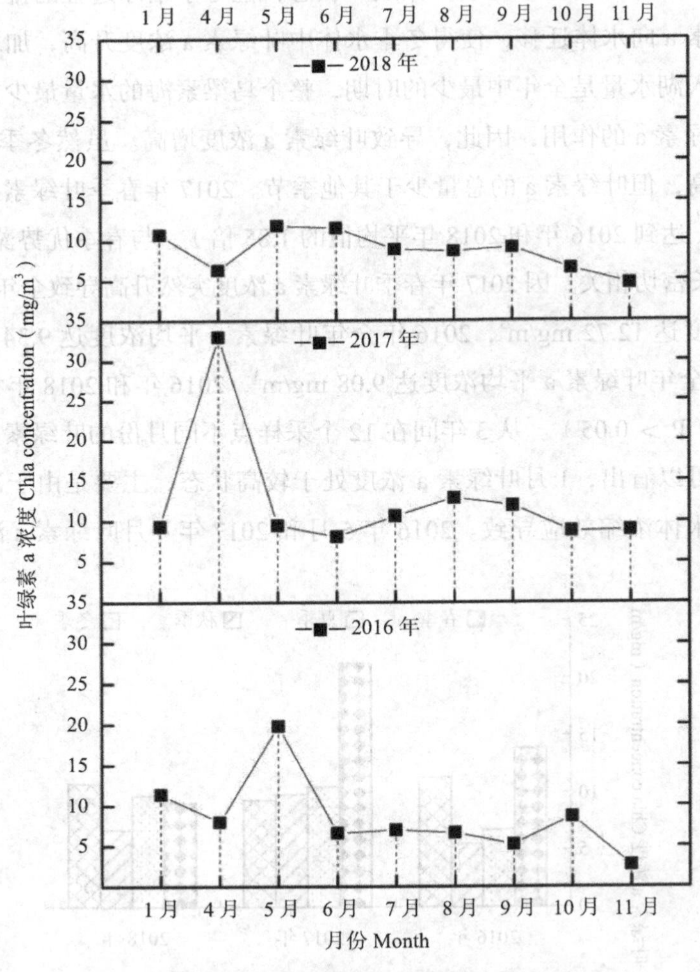

图 33　叶绿素 a 浓度月变化过程

Fig.33　Monthly change of Chla concentration

4.3.3 总氮浓度随时间变化过程

总氮是湖泊生态系统植物生长的营养盐，但其超过一定浓度，就将成为污染物质恶化水质，破坏水生态系统。从图 34 和图 35 可以看出，3 年间春季和夏季水体的总氮浓度相对较低，而秋季和冬季水体的总氮浓度较高。分析其原因，春季和夏季是水体各类生物活动不断增强，动植物快速生长、发展的时期，动植物会吸取水体内总氮作为自身生长的营养盐。因此，该季节的总氮浓度降低。而秋季是水体各类生物败落的时期，对总氮需求量大大减少，导致水体的总氮浓度增加，2016 年、2017 年和 2018 年秋季水体的总氮浓度分别为 2.35 mg/l、3.45 mg/l 和 1.26 mg/l。冬季因冰冻的排斥作用和水体的浓缩效应导致水体的总氮浓度很高，2016 年、2017 年和 2018 年冬季总氮的浓度分别为 3.14 mg/l、3.31 mg/l 和 2.84 mg/l。2016 年、2017 年和 2018 年总氮的年均浓度分别为 2.24 mg/l、2.71 mg/l 和 1.71 mg/l。可见，2018 年河套灌区乌梁素海大量生态补水能够显著改善水质，提高湖泊水生态系统功能。从 3 年间各月的总氮浓度的变化过程可知，1 月冰封期水体的总氮浓度最高，这与冰体排斥营养盐效应和水体浓缩效应密切相关。在水生生物活动频繁的 4 月、5 月和 6 月，因水生生物吸收水体中氮盐引起该时期水体的总氮浓度降低，随着水生生物的数量开始衰减，水体

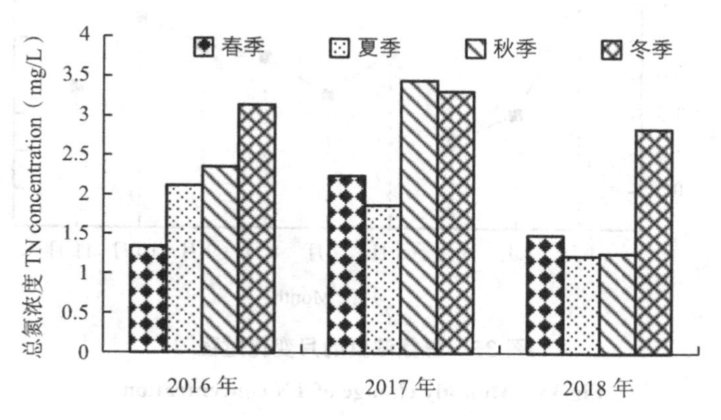

图 34 总氮浓度的年变化和季变化过程

Fig.34 Seasonal and annual changes of TN concentration

的总氮浓度开始升高；河套灌区秋浇后（11 月末），水体的总氮浓度开始下降。2018 年，因乌梁素海不断分期补水，除 1 月水体的总氮浓度外，各月水体的总氮浓度波动很小，表明分期补水能够起到均衡氮盐浓度的作用。

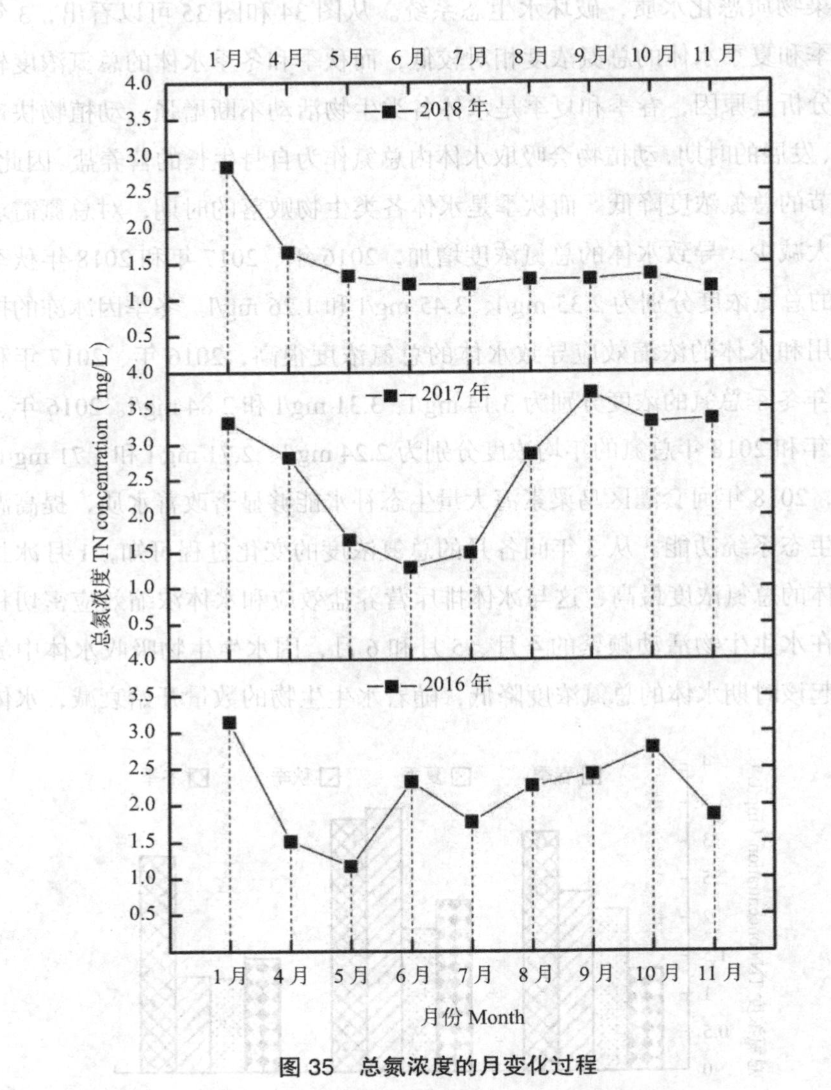

图 35　总氮浓度的月变化过程

Fig.35　Monthly change of TN concentration

4.3.4 总磷浓度随时间变化过程

磷盐和氮盐均在湖泊生态系统中起到控制水体富营养化的作用，但学者们常认为磷盐是限制性因子，水生植物的生长需要磷来组成核糖核酸、脱氧核糖核酸并传输能量，具有重要的研究价值。3 年间乌梁素海年、季和月的总磷变化过程如图 36 和图 37 所示。从图 36 和图 37 中可以看出，3 年间冬季水体的总磷浓度均高于春、夏、秋三季，主要是由于冰体排斥和水体浓缩效应引起的。其中，2016 年冬季水体的总磷浓度达 0.22 mg/l，冬季总磷浓度突然升高可能与底质中磷释放有很大关系。影响湖泊磷迁移转化的因素众多，乌梁素海长期以来沉积物中含有大量的磷盐，例如，温度较高、溶解氧降低、扰动改变水动力条件、较高的酸碱度均可以促进底质中大量磷向水体释放，引起水体内磷浓度的突然升高。另外，长期以来，乌梁素海富营养程度严重，水体 pH 值长期处于碱性条件下，而富营养化严重的湖泊在碱性条件下更容易发生磷从底质向水体释放的现象，富营养化程度低的湖泊在酸性条件下更容易发生磷从底质向水体释放现象[143-144]。

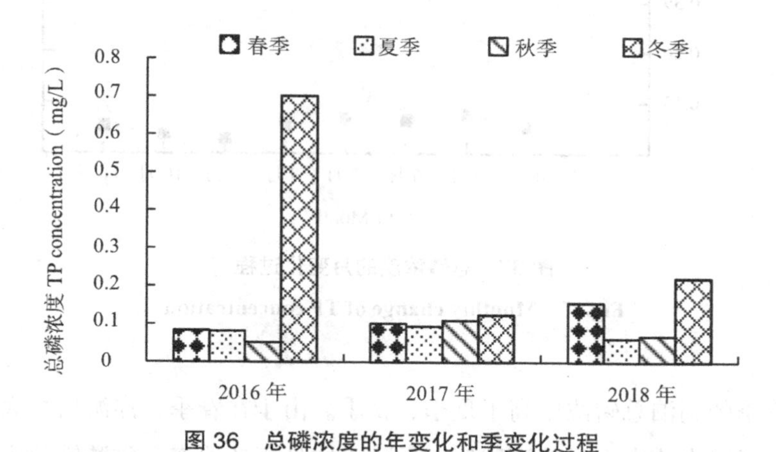

图 36 总磷浓度的年变化和季变化过程

Fig.36 Seasonal and annual changes of TP concentration

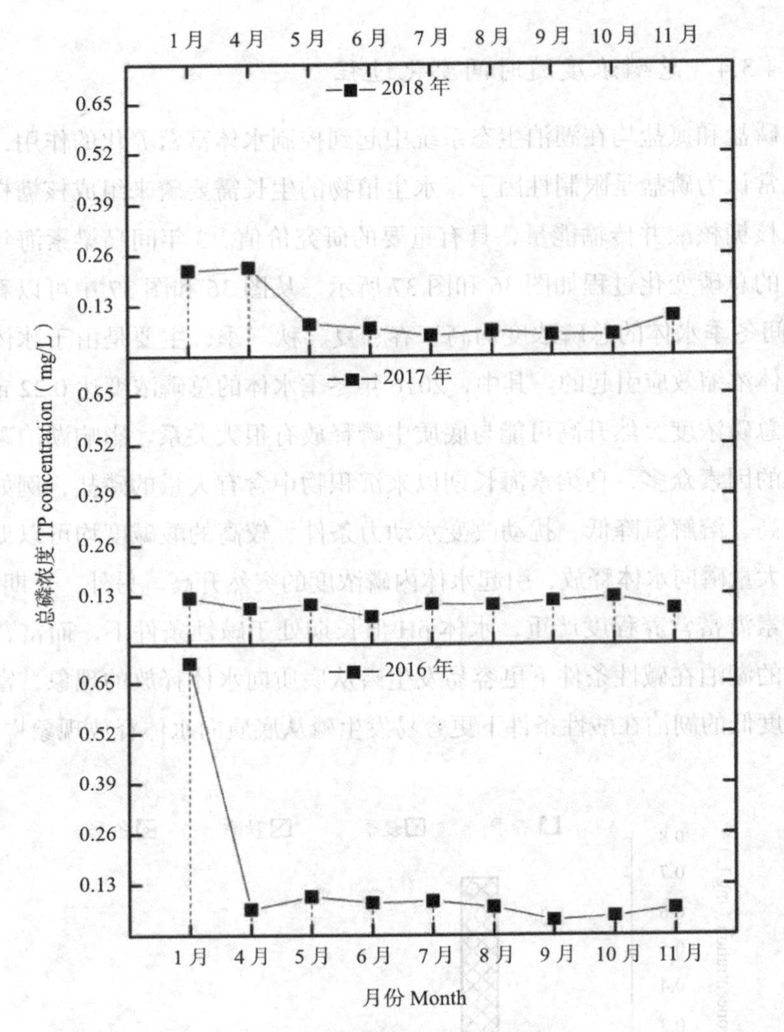

图 37　总磷浓度的月变化过程

Fig.37　Monthly change of TP concentration

春季的湖泊总磷浓度高于夏季、秋季。由于在春季，浮游植物大量生长，消耗了水体内大量的溶解氧，导致水体处于还原态，磷酸铁盐中三价铁离子被还原为二价铁，引起沉积物中的磷被释放到水体中，因此，春季的湖泊总磷浓度较高。在夏季，浮游植物生长速度较慢，磷向水体中释放的程度较春季弱；而在秋季，由于大量水生生物腐败，然后被微生物分解，水体中大量磷将沉积在底质中，可见沉积物中磷盐从春季、夏季到秋季经历了从释放到沉积的过程。从近3年总磷浓度的变化趋势可以看出，2016年总磷浓度因在冬季突然升高而导致全年总磷平均浓度较高（0.23 mg/l），2017年和2018年总磷平均浓度相差很小，分别为0.11 mg/l和0.13 mg/l。从3年各月份总磷浓度变化过程中可以看出，在1月和4月，因湖泊生态系统中水生动植物还未完全开始剧烈活动，吸收磷盐能力处于较低水平，导致该时期总磷浓度较高；进入水生生物活动频繁期的5月、6月、7月、8月，总磷浓度因水体中的磷被大量藻类、挺水植物和沉水植物吸收而下降，2016年、2017年和2018年这4个月的总磷平均值分别为0.086 ± 0.010 mg/l、0.097 ± 0.014 mg/l和0.067 ± 0.011 mg/l。进入9月，2017年总磷浓度升高与水体内生物吸收下降有关；2016年出现相反情况，这可能与该时期扰动较大，悬浮颗粒吸附磷盐沉积到底质中有关。10月和11月进入秋浇季节，对乌梁素海水体起到了稀释作用，2017年10月和11月总磷浓度下降。而2016年和2018年出现相反变化，可能与该时期有复杂的适合磷盐释放的条件有关。

4.3.5 化学需氧量随时间变化过程

从乌梁素海化学需氧量年季变化过程（如图38所示）可知，冬季因冰体排斥效应和浓缩效应导致化学需氧量浓度显著高于其他季节（$P < 0.01$），2016年和2018年在春季、夏季、秋季化学需氧量呈现一直下降的趋势，春季因冬季腐败的水生动植物残体产生大量腐殖质，有机物含量增加；化学需氧量增加；随着温度升高，微生物活动频繁，开始分解有机物，化学需氧量下降，秋季因河套灌区秋浇稀释湖泊水体，导致化学需氧量进一步下降。2017年春季、夏季、秋季3个季节化学需氧量无显著变化（$P > 0.05$），春季、夏季和秋季化学需氧量分别为86 mg/l、87 mg/l和88 mg/l，这与乌梁素海2017年入湖水量不无关系。2017年每日补水量变异系数为0.76，小于2016年的0.94和2018年的0.81。2017年补水量为4.87×10^8 m^3，

2016 年入湖水量为 5.73×10^8 m^3，2018 年入湖水量为 8.6×10^8 m^3。因此，2017 年夏季和秋季化学需氧量未降低与水量稀释作用密切。从 3 年间化学需氧量变化趋势可以看出，2018 年化学需氧量全年均值为 44 mg/l，明显低于 2016 年 83 mg/l 和 2017 年 93 mg/l，表明 2018 年生态补水量增加对降低污染物质浓度具有积极促进作用。

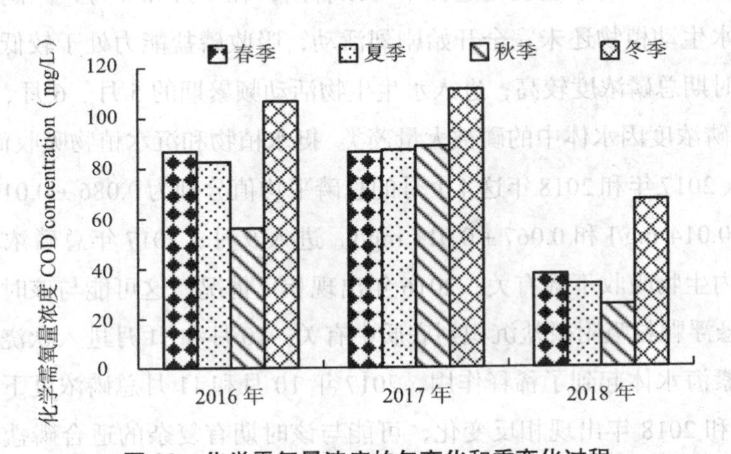

图 38　化学需氧量浓度的年变化和季变化过程

Fig.38　Seasonal and annual changes of COD concentration

从 3 年间化学需氧量月变化过程（如图 39 所示）可知，1 月化学需氧量浓度升高仍然是冰体排斥效应和水体浓缩效应导致，4 月因冰体基本融化，水量增加，稀释作用导致化学需氧量处于较低水平，5 月因湖泊水体有机物含量较多引起化学需氧量增加，随着温度升高，6 月微生物降解作用后化学需氧量开始降低，7 月、8 月、9 月份随之波动很小，化学需氧量处于较低水平，10 月、11 月进入秋浇稀释效应导致化学需氧量浓度下降。2017 年因入湖总水量和各月入湖水量变异状况原因，造成各月化学需氧量波动较大，秋浇较往年提前结束；11 月秋浇稀释效应不显著，引起化学需氧量不降反升。

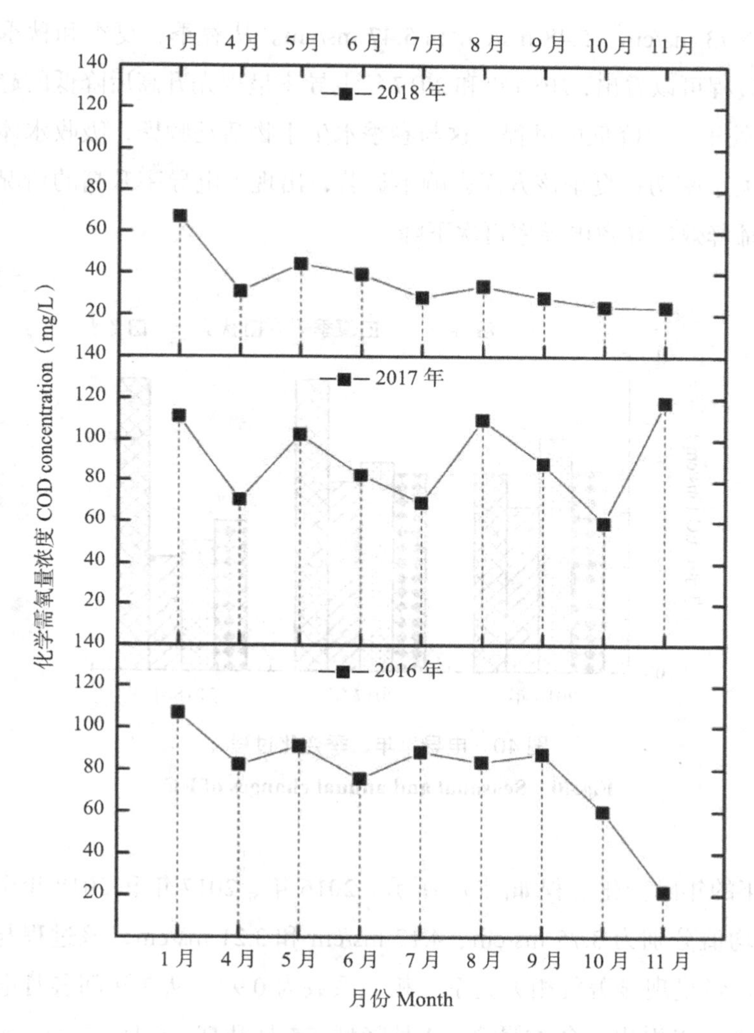

图 39 化学需氧量浓度的月变化过程

Fig.39 Monthly change of COD concentration

4.3.6 电导率随时间变化过程

3 年间四季电导率变化过程如图 40 所示。冬季电导率受到冰体排斥效应和水体浓缩效应影响，2016 年、2017 年和 2018 年冬季电导率平均值分别为 3.73 ms/cm、5.48 ms/cm 和 5.47 ms/cm。从春季、夏季和秋季电导率变化过程可以看出，2016 年和 2017 年电导率呈现先升高后降低的趋势，2018 年处于一直降低的过程，这与春季水生生物活动频繁，吸收水体中各种离子关系密切；夏季该方面影响不显著，出现了电导率升高的情况；秋季秋浇稀释效应导致电导率再次下降。

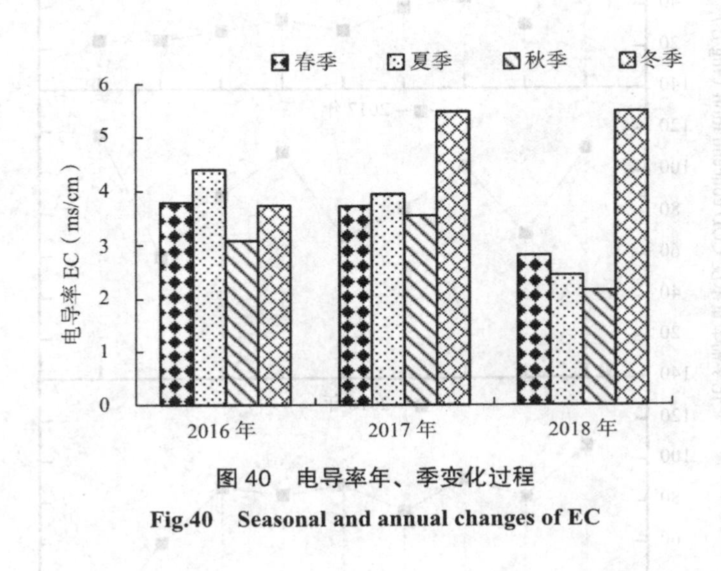

图 40　电导率年、季变化过程

Fig.40　Seasonal and annual changes of EC

3 年的年际变化过程如图 41 所示。2016 年、2017 年和 2018 年全年电导率平均值分别为 3.75 ms/cm、4.17 ms/cm 和 3.21 ms/cm，该过程与 3 年间入湖水量呈现显著负相关关系，相关系数为 0.97。从 3 年间各月电导率变化过程可以看出，冬季最高，4 月降低，5 月升高，6 月、7 月、8 月和 9 月呈现缓慢下降的趋势，10 月和 11 月电导率降低，该变化过程与化学需氧量基本相似。

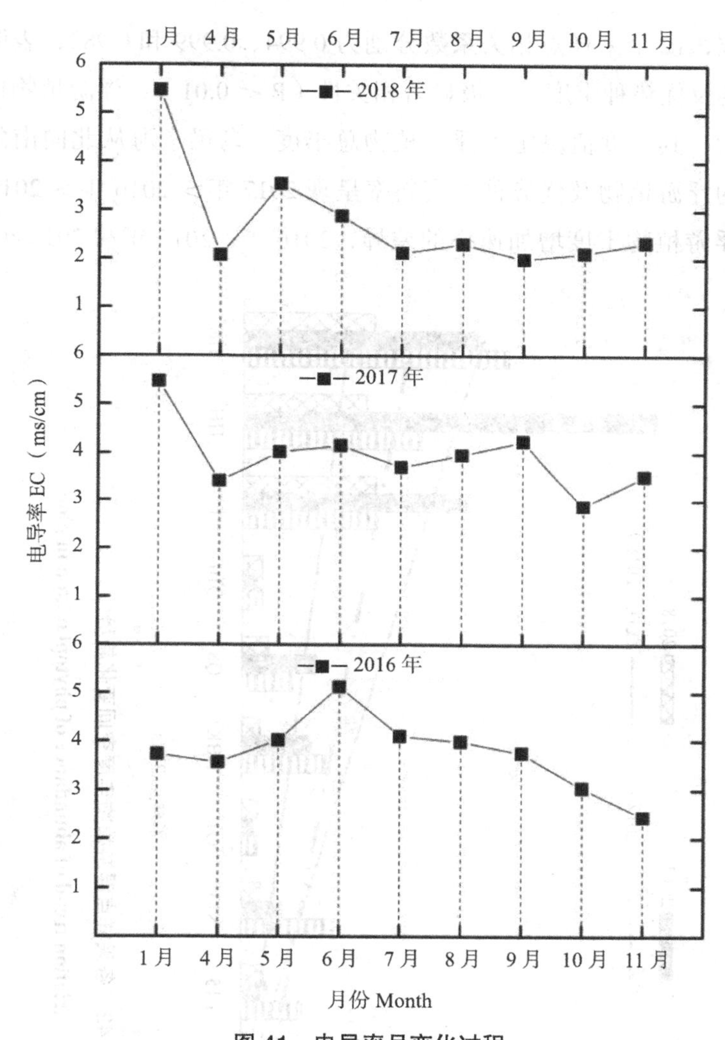

图 41　电导率月变化过程

Fig.41　Monthly change of EC

4.3.7　浮游植物及优势种丰度空间变化过程

3 年间乌梁素海 12 个采样点的浮游植物及优势种丰度变化过程分别如图 42 和图 43 所示，各点位各月平均值分别作为该采样点浮游植物及优势种丰度值。2016 年、2017 年和 2018 年浮游植物丰度与优势种丰度变化趋势一致，12 个采样点相关系数分别为 0.994、0.999 和 0.982，表明浮游植物丰度及优势种丰度具有极显著相关性（P ＜ 0.01），浮游植物优势种群形成后，其丰度值决定了浮游植物总丰度。乌梁素海从北向南的空间采样点的浮游植物及优势种丰度斜率呈现 2017 年＞ 2016 年＞ 2018 年，表现出浮游植物丰度增加速率的差异，2016 年、2017 年和 2018 年 12 个

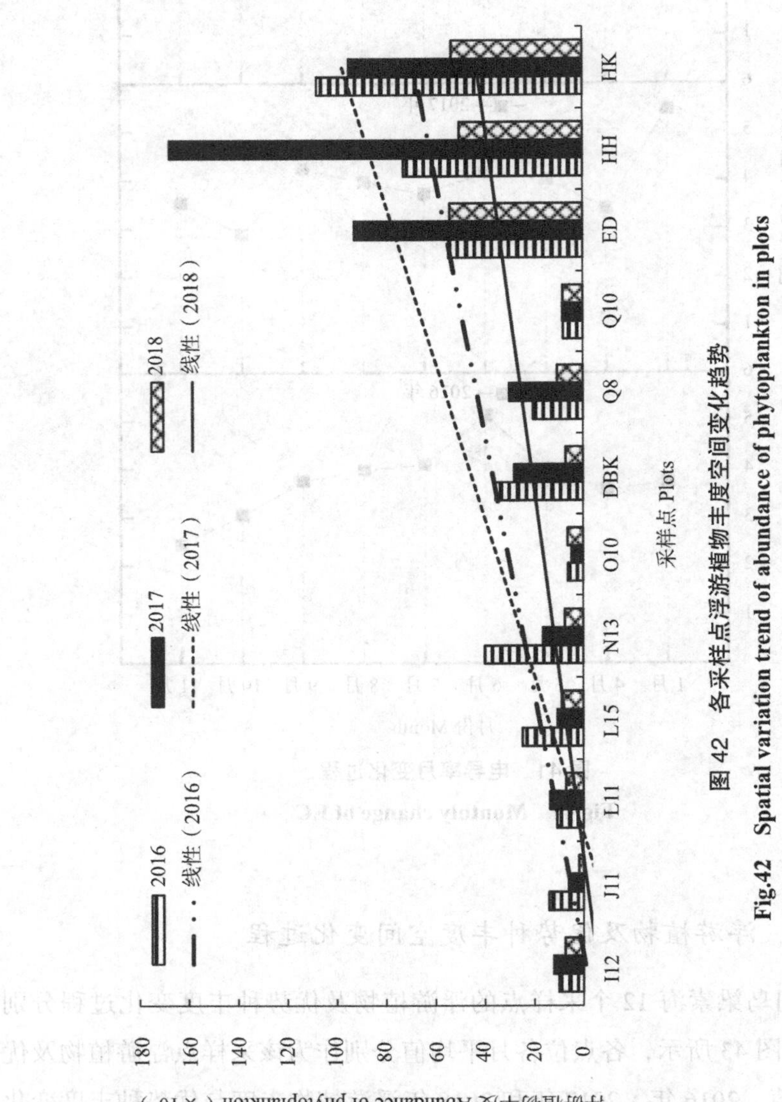

图 42 各采样点浮游植物丰度空间变化趋势

Fig.42 Spatial variation trend of abundance of phytoplankton in plots

采样点的浮游植物丰度平均值分别为 33.73 × 10^6 ind/l、40.43 × 10^6 ind/l 和 18.53 × 10^6 ind/l，浮游植物优势种丰度平均值分别 26.74 × 10^6 ind/l、32.45 × 10^6 ind/l 和 11.90 × 10^6 ind/l。由于总氮平均浓度、总磷平均浓度呈现出 2017 年最高，2018 年最低的状况，可见，氮、磷营养盐是促进浮游植物快速生长的动力。2016 年、2017 年和 2018 年优势种平均丰度分别占

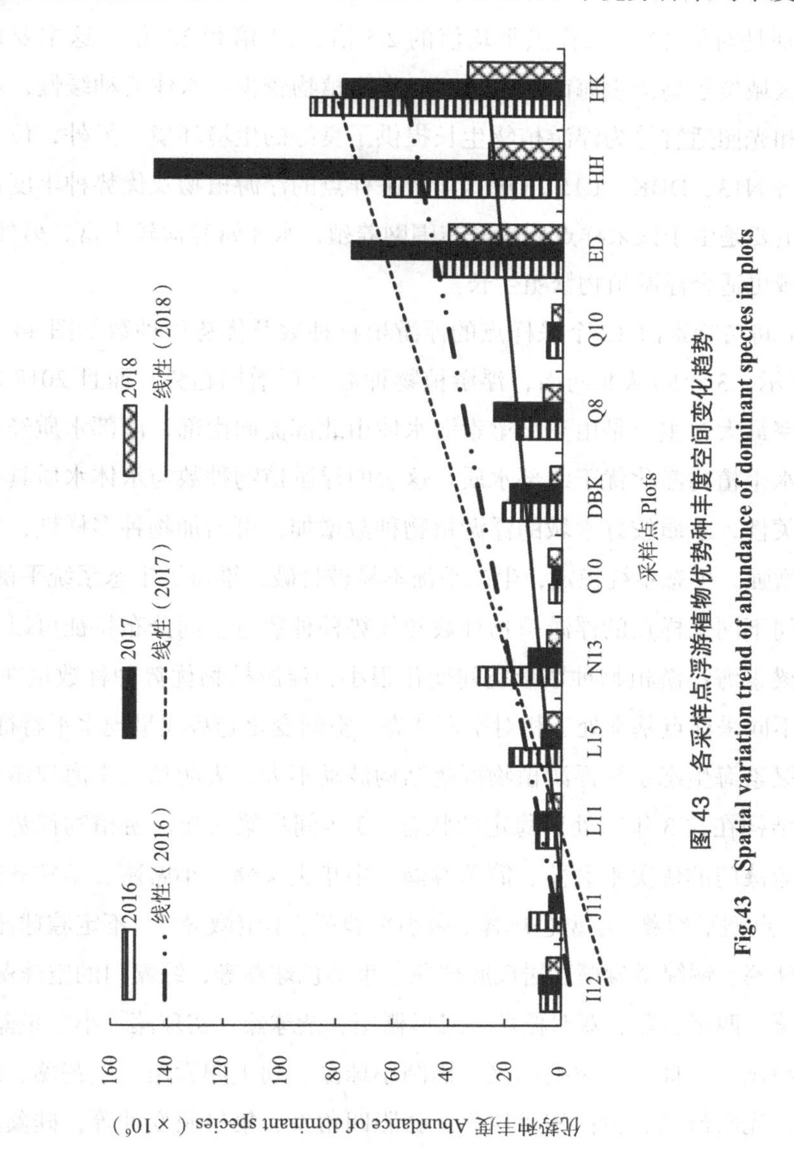

图 43 各采样点浮游植物优势种丰度空间变化趋势

Fig.43 Spatial variation trend of abundance of dominant species in plots

总平均丰度的79%、80%和64%，可见2018年加大生态补水量后，浮游植物丰度明显下降，浮游植物优势种占总丰度比例也出现了降低情况。乌梁素海南部ED、HH和HK 3个采样点的浮游植物及优势种丰度显著高于其他采样点，2016年、2017年和2018年3个采样点的浮游植物丰度平均值分别是对应12个采样点平均值的2.3倍、2.9倍和2.8倍，优势种丰度平均值分别是对应12个采样点平均值的2.5倍、3.1倍和2.8倍。这主要是由于该区域位于乌梁素海南部明水区，水生植物较少，水体流动缓慢，水温较高和光照适宜等为浮游植物生长提供了良好的生境环境。另外，位于乌梁素海N13、DBK、L15、Q8这4个采样点的浮游植物及优势种丰度也较高，主要是由于该采样点周围分布围网养殖，水体营养盐较丰富，另外，较浅水域更适合浮游植物繁殖生长。

3年间乌梁素海12个采样点的浮游植物种数及优势种种数如图44和图45所示。3年间从北向南，浮游植物种数呈现增加趋势，而且2018年增加斜率最大，主要是由于乌梁素海水体由北部流向南部，南部水质经过自净和水生植物净化优于北部水质。这表明浮游植物种数与水体水质具有显著相关性，水质较好水域的浮游植物种数增加，可增加物种多样性，生态功能增强，生态系统稳定，生态平衡不易被打破，维持了生态系统平衡。从3年间不同采样点的浮游植物种数和优势种种数量空间分布特征可以看出，乌梁素海浮游植物种数量空间变化很小，浮游植物优势种种数量在3年间在不同采样点基本处于相对平衡状态，空间变化趋势线呈现水平特征。整个乌梁素海生态系统浮游植物群落结构波动不大，表明乌梁素海浮游植物群落结构在这3年间处于稳定的状态。3年间乌梁素海浮游植物优势种主要有蓝藻门的优美平裂藻、简单颤藻、中华尖头藻、小席藻、不整齐蓝纤维藻、点型平裂藻、小型色球藻、微小平裂藻、不定微囊藻、不定腔球藻、微小色球藻、铜绿微囊藻、居氏腔球藻、束缚色球藻等，绿藻门的空球藻、弯曲栅藻、四尾栅藻、双对栅藻、二形栅藻、杂球藻、实球藻、小空星藻、整齐盘星藻、小球藻、裂孔栅藻、椭圆小球藻、湖生卵囊藻、微芒藻、裂孔栅藻、光滑鼓藻、蛋白核小球藻、膨胀四角藻、集星藻变种等，硅藻门的梅尼小环藻、放射舟形藻、克洛脆杆藻、尖针杆藻、扁圆卵形藻、星芒小环藻、美丽舟形藻、美丽针杆藻、窗格平板藻等，裸藻门的鱼形裸藻、鱼形裸藻球状变种、纤细裸藻等，甲藻门的盾形多甲藻等，隐藻门的啮蚀隐藻等。

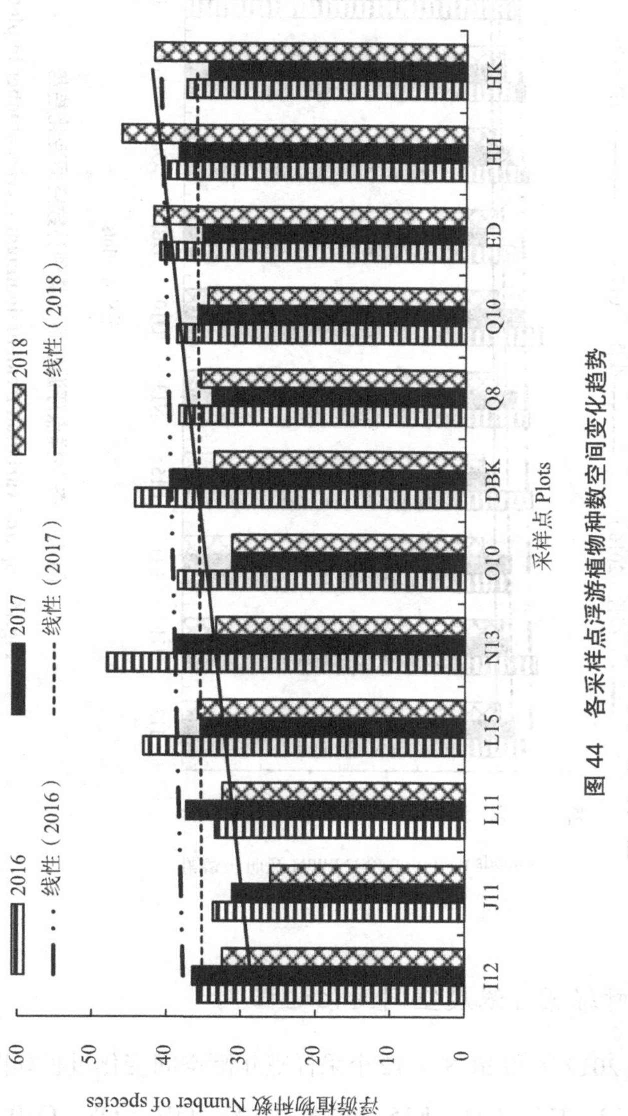

图 44 各采样点浮游植物种数空间变化趋势

Fig.44 Spatial variation trend of species number in plots

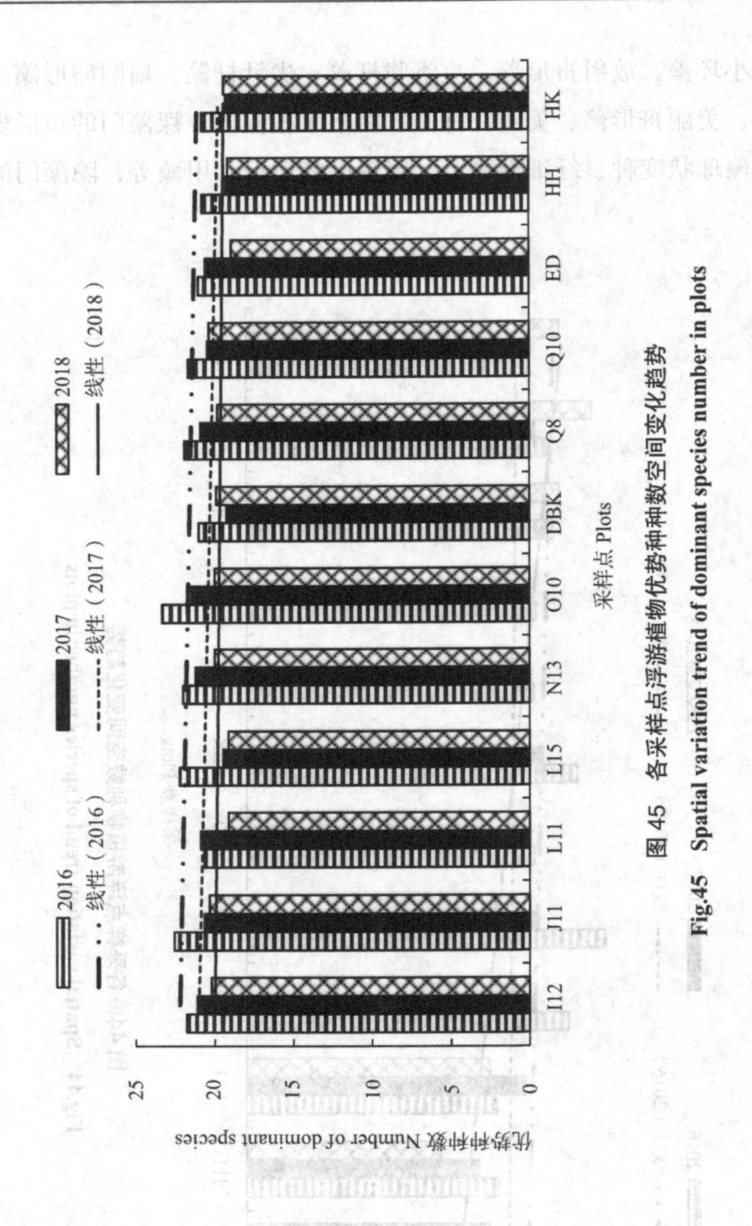

图 45 各采样点浮游植物优势种种数空间变化趋势

Fig.45 Spatial variation trend of dominant species number in plots

4.3.8 叶绿素 a 浓度空间变化过程

2016 年、2017 年和 2018 年 12 个采样点年际空间变化过程如图 46 所示。采样点位置 I12、J11、L11、L15、N13、DBK、O10、Q8、Q10、ED、HH

和 HK 的空间分布为从乌梁素海北部向南部布设。从图 46 中可以看出，2016 年和 2017 年叶绿素 a 浓度从北向南呈现出递减的变化趋势，主要是由于乌梁素海入流口位于北侧 J11 位置附近，在水流由北向南流动过程中营养盐被水生植物吸收；加之在水动力条件下，水体具有一定的自净能力，

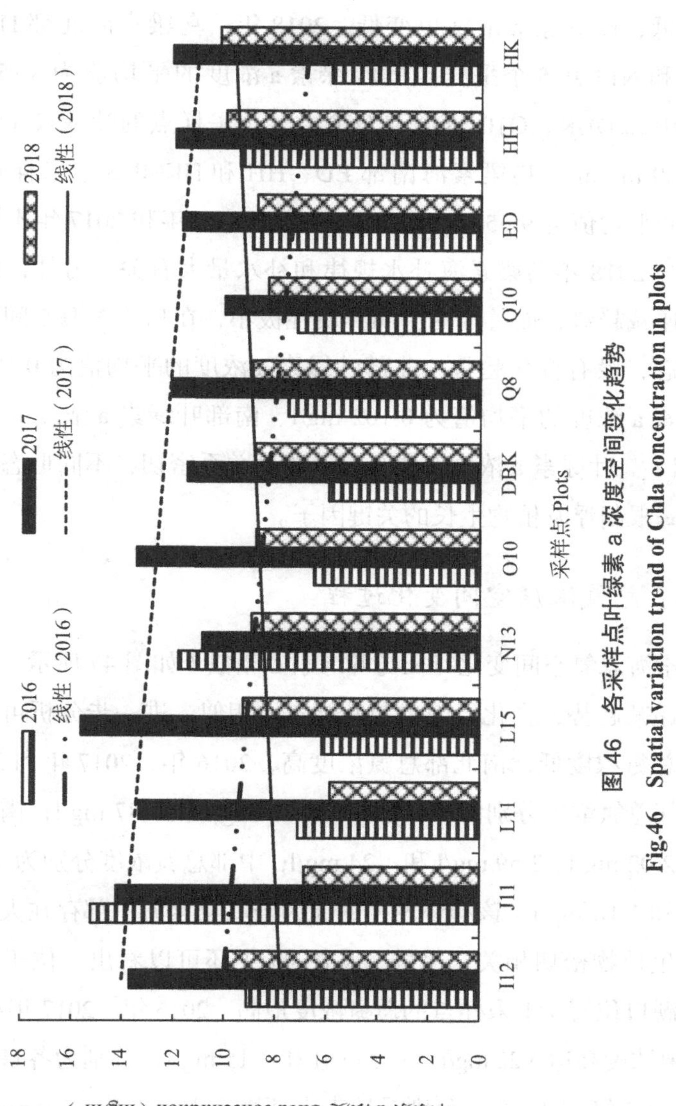

图 46　各采样点叶绿素 a 浓度空间变化趋势

Fig.46　Spatial variation trend of Chla concentration in plots

导致营养盐浓度出现由北向南递减的过程。营养盐浓度高低与浮游植物生长量密切相关。因此，出现叶绿素 a 浓度从北向南出现递减趋势。2016 年和 2017 年从乌梁素海北部、中部和南部叶绿素 a 浓度的平均值可以看出乌梁素海中部低、南北高的现状，主要是由于乌梁素海中部分布着大量挺水植物和沉水植物，水生植物与浮游植物竞争营养盐，导致中部营养盐浓度相对较低，叶绿素 a 浓度也变低。2018 年，乌梁素海北部 I12、J11、L11、L15 和 N13 共 5 个采样点的叶绿素 a 浓度的平均值为 8.15 mg/m^3，乌梁素海中部 DBK、O10、Q8 和 Q10 共 4 个采样点的叶绿素 a 浓度的平均值为 8.69 mg/m^3，乌梁素海南部 ED、HH 和 HK 共 3 个采样点的叶绿素 a 浓度的平均值为 9.65 mg/m^3，呈现出与 2016 年和 2017 年不同的变化趋势，这与 2018 年乌梁素海补水规律和补水量大有关。另外，总氮从北向南出现递减趋势，而总磷的空间异质性极小，在乌梁素海空间基本处于平衡的状态，没有变化趋势（北部叶绿素 a 浓度的平均值为 0.108 mg/l、中部叶绿素 a 浓度的平均值为 0.102 mg/l、南部叶绿素 a 浓度的平均值为 0.094 mg/l）。叶绿素 a 浓度变化与总磷浓度关系密切，不同形态磷盐将成为乌梁素海限制浮游植物生长的关键因子。

4.3.9 总氮浓度空间变化过程

乌梁素海总氮空间变化特征与叶绿素 a 相似（如图 47 所示），呈现出从北向南递减趋势，变化原因也与叶绿素 a 相似。进一步分析可知，乌梁素海中部总氮浓度低，南北部总氮浓度高，2016 年、2017 年和 2018 年乌梁素海北部总氮浓度分别为 2.61 mg/l、2.81 mg/l 和 1.87 mg/l；南部总氮浓度分别为 2.02 mg/l、2.59 mg/l 和 1.24 mg/l；中部总氮浓度分别为 1.64 mg/l、2.47 mg/l 和 1.16 mg/l。该趋势发生的原因与乌梁素海中部存在大量吸收营养盐的水生植物密切相关。另外，从图 47 中还可以看出，位于乌梁素海北部的入湖口位置 J11 采样点的总氮浓度最高。2016 年、2017 年和 2018 年该点的总氮浓度高达 4.22 mg/l、3.33 mg/l 和 3.15 mg/l，分别为各自年份平均值的 2 倍、1.3 倍和 2.1 倍，分别是地表水环境五类标准值（2.0 mg/l）的 2.1

倍、1.7 倍和 1.6 倍，已达到地表水环境质量劣五类标准。这表明入湖口水体总氮浓度很高，这与河套灌区农田使用氮肥具有不可分割的关系。因此，治理乌梁素海急需控制污染源头，减少排入乌梁素海的氮量。

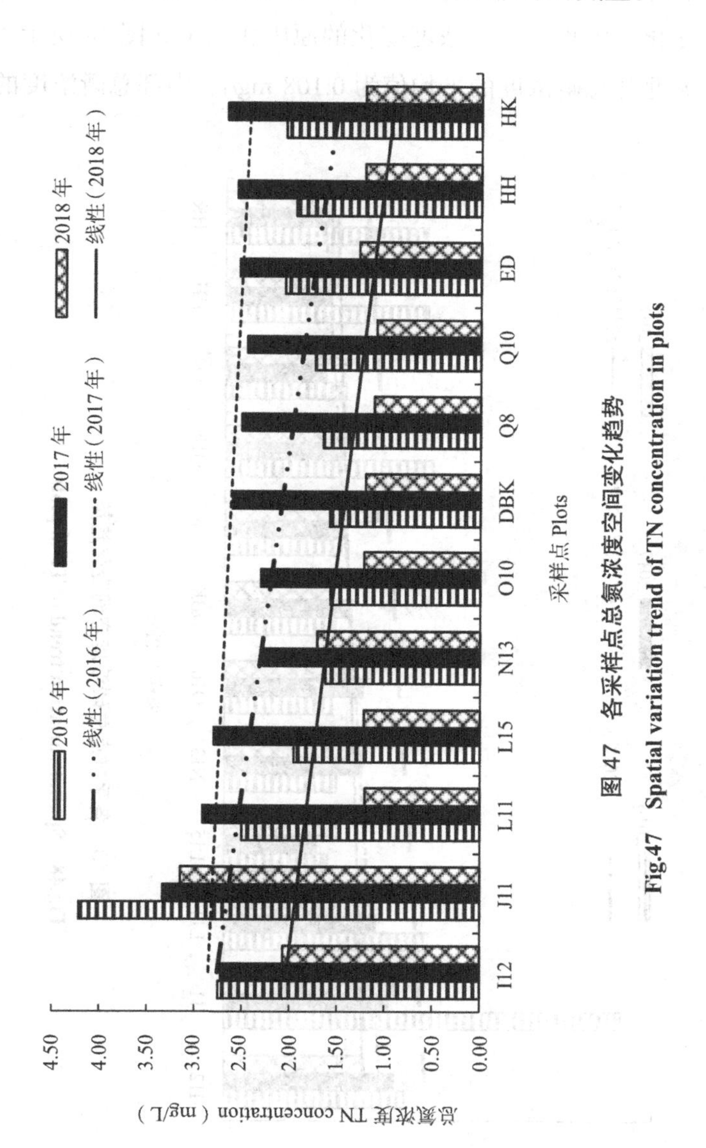

图 47　各采样点总氮浓度空间变化趋势

Fig.47　Spatial variation trend of TN concentration in plots

4.3.10 总磷浓度空间变化过程

乌梁素海总磷浓度空间变化规律与总氮基本一致，呈现出从北向南递减趋势，变化原因也与总氮浓度变化的原因相同（如图 48 所示）。2018 年乌梁素海北部总磷浓度的平均值为 0.108 mg/l、中部总磷浓度的平均值

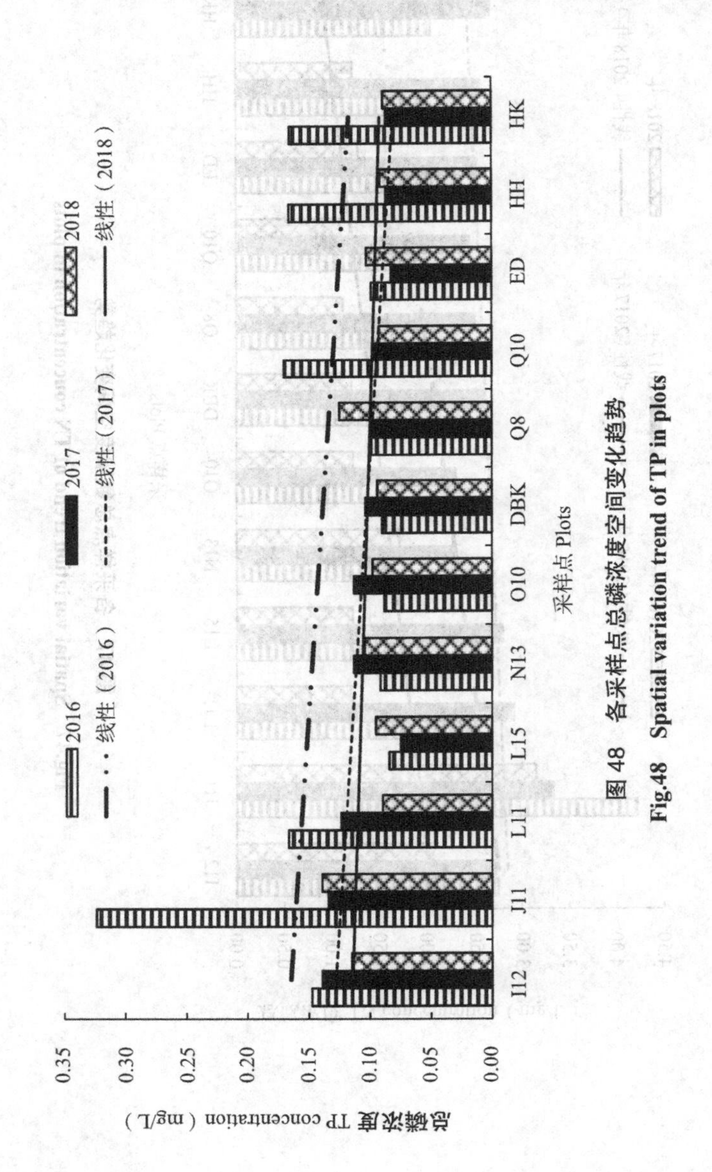

图 48 各采样点总磷浓度空间变化趋势

Fig.48 Spatial variation trend of TP in plots

为 0.102 mg/l、南部总磷浓度的平均值为 0.094 mg/l，变化差异不显著（$P > 0.05$）。另外，从图 48 中可以看出，位于乌梁素海北部的入湖口位置 J11 采样点的总磷浓度最高，2016 年、2017 年和 2018 年该点总磷浓度高达 0.323 mg/l、0.134 mg/l 和 0.139 mg/l，分别为各自年份平均值的 2.3 倍、1.3 倍和 1.4 倍，分别是地表水环境五类标准值（0.2 mg/l）的 1.6 倍、0.7 倍和 0.6 倍，2016 年该点总磷浓度已达到地表水环境质量劣五类标准。这表明入湖口水体总磷浓度很高，主要原因是乌梁素海流域上游排放生活污水和含磷工业废水。结果表明，乌梁素海入湖水体中磷含量仍然需要控制。因此，乌梁素海治理需双管齐下，外源和内源同时防治，通过外源控制大大减少排入乌梁素海的磷量。

4.3.11 化学需氧量浓度空间变化过程

从乌梁素海化学需氧量浓度空间分布特征可以看出，3 年间从北向南化学需氧量浓度均表现出逐渐升高的变化特征，变化特征与总氮和总磷相反（如图 49 所示）。分析其原因，主要是乌梁素海中北部分布着大量沉水植物和挺水植物。大量水生植物通过光合作用能够释放出氧气，增加水体内溶解氧浓度，导致水体中还原性物质减少，化学需氧量降低。2016 年乌梁素海北部、中部和南部化学需氧量浓度的平均值分别为 68 mg/l、81 mg/l 和 88 mg/l，2017 年乌梁素海北部、中部和南部化学需氧量浓度的平均值分别为 85 mg/l、91 mg/l 和 98 mg/l，2016 年和 2017 年乌梁素海全湖化学需氧量已严重超出地表水环境质量五类标准值（40 mg/l），整个乌梁素海区域化学需氧量数值已超过劣五类标准。可见，乌梁素海水体内有机物含量很高，有机污染严重。随着乌梁素海生态补水工作的推进，2018 年乌梁素海北部、中部和南部化学需氧量浓度的平均值分别为 31 mg/l、36 mg/l 和 42 mg/l，基本控制在五类标准以内。结果表明，生态补水对降低水体中化学需氧量浓度具有积极促进作用。

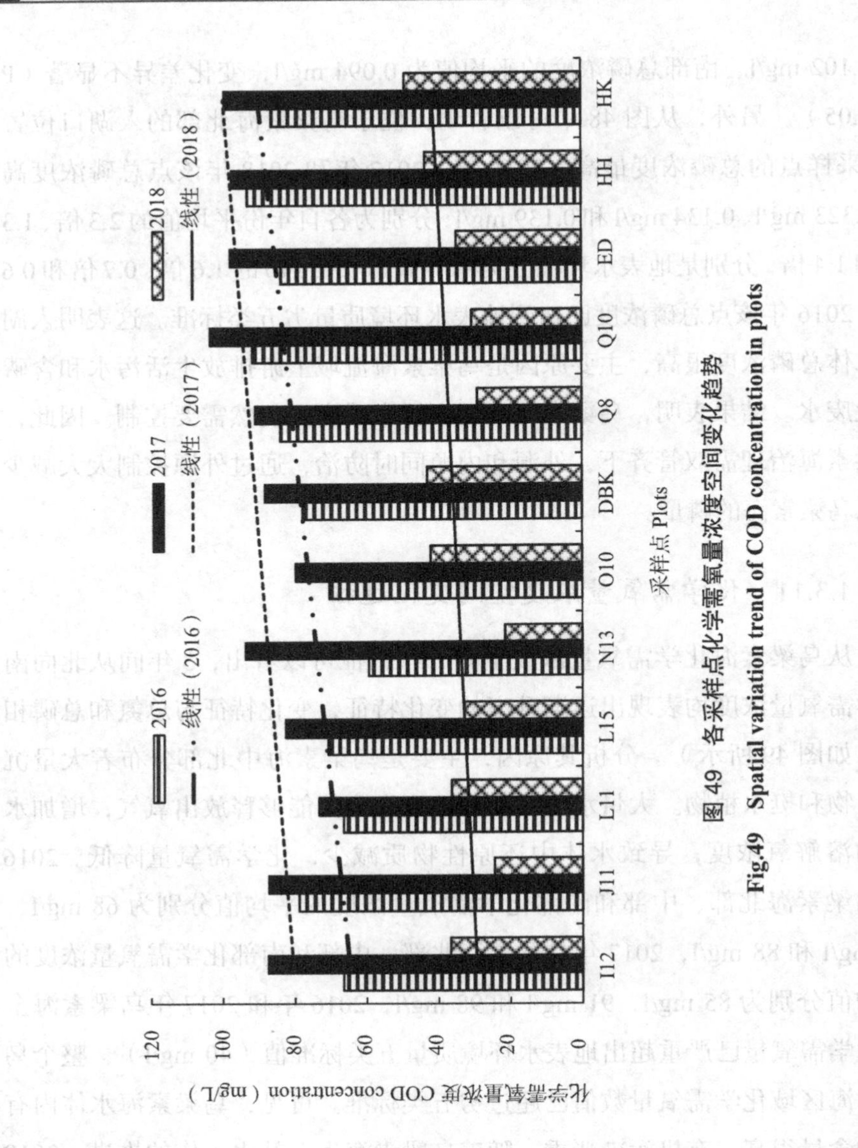

图 49 各采样点化学需氧量浓度空间变化趋势

Fig.49 Spatial variation trend of COD concentration in plots

4.3.12 电导率空间变化过程

从乌梁素海电导率空间分布特征可以看出，3 年间乌梁素海水体电导率从北向南均表现出逐渐升高的变化特征，变化特征与化学需氧量相同（如图 50 所示）。这是因为乌梁素海中北部分布着大量沉水植物和挺水植物，水生植物在生长过程中不同程度地吸收水体中各类营养离子，导致乌梁素海北部和中部电导率低。乌梁素海南部具有大面积明水区域，在管理方面，为了保持乌梁素海生态水量，乌毛计排水闸很少排水，明水水面蒸发强度显著高于挺水植物区，导致盐分含量累积并表现出升高趋势。2016 年乌梁素海北部、中部和南部电导率的平均值分别为 3.18 ms/cm、3.54 ms/cm 和 4.97 ms/cm，2017 年乌梁素海北部、中部和南部电导率的平均值分别为 3.14 ms/cm、4.05 ms/cm 和 5.07 ms/cm，2018 年乌梁素海北部、中部和南部

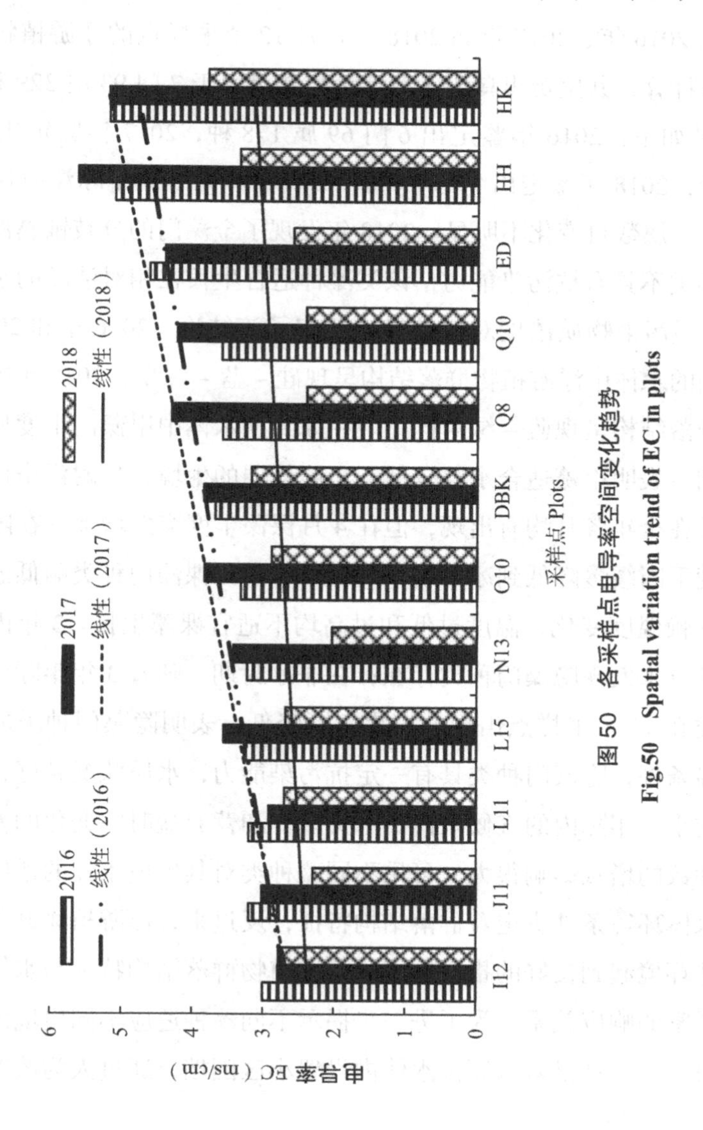

图 50　各采样点电导率空间变化趋势

Fig.50　Spatial variation trend of EC in plots

电导率的平均值分别为 2.50 mg/l、2.72 mg/l 和 3.24 mg/l，表明生态补水对降低水体中盐分具有显著作用。

4.4 结果和讨论

4.4.1 浮游植物群落结构特征变化驱动力

通过 2016 年、2017 年和 2018 年各月 12 个采样点的浮游植物定性分析和定量计算，共鉴定出乌梁素海浮游植物隶属于 7 门 93 属 329 种。3 年鉴定结果如下：2016 年鉴定出 6 门 69 属 178 种，2017 年鉴定出 6 门 66 属 207 种，2018 年鉴定出 7 门 77 属 182 种，可见不同年际浮游植物种数变化较大，属数目变化不明显。2018 年发现了金藻门的分歧锥囊藻，表明金藻门种类不具有抗污染能力，该类藻种适合生长在相对洁净的水体内，3 年间不同污染物质浓度对比结果也证实了该结论。2016 年和 2017 年处于冰封期的水体中浮游植物群落结构呈现硅 – 蓝 – 绿型，2018 年冰封期浮游植物群落结构呈现蓝 – 绿 – 硅型。在冰封期水体中甲藻门丰度显著高于非冰封期，表明甲藻适合水温较低、光照较弱的生境，且耐污染性好。裸藻门种类在全年各月均有出现，但在 4 月裸藻丰度突然增加，在随后各月裸藻丰度不断缓慢降低到冰封期丰度以下，可见裸藻门种类耐低温，但大量繁殖依赖温度变化，温度过低和过高均不适宜裸藻生长。3 年内在冰封期的采样点未发现隐藻门种类存在；在非冰封期，随着 3 年年际变化，隐藻门种类在 12 个采样点出现的概率不断降低，表明隐藻门种类的繁殖不适应低温条件，隐藻门种类具有一定抗污染能力，水质状况越好，其出现的概率越小。年际内的气候条件、水文条件和营养盐时空变化的差异对浮游植物种数的增减影响很大，可见不同藻种类对其生境条件的适应敏感度较高。水体环境条件决定着群落结构特征；反过来，浮游植物群落结构特征对水体环境起到良好的指示作用。浮游植物群落结构特征与水体环境具有十分紧密的响应关系。为了进一步揭示不同藻种适应不同生境因子的区间和阈值，应在乌梁素海原位水体内设置小区围挡，通过人为改变生境因

子来确定其对不同浮游植物生长发育的影响。通过探讨不同浮游植物的生长发育机制，可以制定科学的、合理的、针对性强的抑藻措施，防止水华事件暴发，确保湖泊水生态系统安全。

4.4.2　冰封期抑藻思路初探

本书使用 Margalef 丰富度指数、Shannon-wiener 多样性指数和 Pielou 均匀度指数探讨了乌梁素海 3 年间冰封期与非冰封期浮游植物多样性变化过程，冬季的物种数目和增加量均低于其他季节，表明水温和冰封条件在很大程度上抑制了浮游植物的生长和变化。因此，可以通过厘清冰封期水体下浮游植物群落结构特征，在冰封期条件下采取灭藻措施。相较于春季藻种丰度高的时期，冬季在冰体下灭藻更快捷、更有效，成本也更低廉，可防止春季该藻种大量繁殖，有效控制水华带来的危害。从采样点的空间分布特征可知，乌梁素海南部丰富度指数较高，主要是由于该区域的冰层薄，光照条件好，光能进入冰下水体较多，加之南部水体温度的平均值在全湖内较高，这些适宜的环境条件均会促使某些藻种在冬季仍具有较弱的新陈代谢活动。这表明藻类在冬季依然受到光照和水温等因素的影响，具有较高的丰度和多样性，为进一步揭示冬季不同藻种对光照和水温的敏感度和适宜阈值，应在野外设置原位实验，在四周布置边界条件，这样可以有效控制环境因子，改变实验小区温度，进而控制冰厚，在此基础上鉴定藻种数目和丰度，明晰冰封条件下浮游植物群落结构特征。

4.4.3　生态补水及水生植物化感作用对浮游植物生长的抑制

浮游植物及优势种的丰度在各月变化过程中均表现出双峰的特征。2016 年、2017 年和 2018 年浮游植物及优势种的丰度下降分别出现在 5 月、6 月和 7 月，主要原因为 2016 年 3 月 20 日开始大量补水，补水时间为 10d，补水量为 0.24×10^8 m³；2017 年 3 月初开始大量补水，补水时间为 15d，补水量为 0.39×10^8 m³；2018 年 3 月 1 日开始大量补水，补水时间为 40d，补水量为 1.52×10^8 m³。可见，黄河凌汛分凌补水能够降低浮游植物及优势种丰度，生态补水时间提前和水量增加均会引起浮游植物及优势种丰度出现下降的时间提前。补水将导致湖泊水体内营养盐浓度降低，使得浮游植物丰度下降，但下降的延迟时间随着补水量多少和补水时间差异表现出不同。

生态补水量和补水时间对浮游植物及优势种的丰度开始出现下降的时间具有明显作用，而对浮游植物及优势种的种数并未产生影响。分析其原因，浮游植物及优势种种数的年、季、月变化过程表明在6月浮游植物及优势种种数较少，与该时期水生植物处于快速生长，植物化感作用抑制某些藻种生长有关，很多浮水植物、沉水植物和挺水植物均能在水体内释放出化感物质。在化感物质的作用下，藻细胞将会随着细胞膜收缩变形，进而改变藻细胞结构，达到抑制浮游植物生长的目的。早在1937年植物学家莫里斯 Molish 就提出了化感作用[145]，后期研究者们做了大量相关工作[146-148]。化感物质主要是水生植物分泌的次生代谢产物，主要有酚酸类、棕榈酸、多酚物质、胆固醇油酸酯、萜类化合物、长链脂肪酸、不饱和内酯、水溶性有机酸、直链醇、生物碱、硫化物等。这些化感物质来源于不同水生植物，对多种浮游植物具有较强的抑制作用。化感物质主要通过抑制浮游植物光合作用，影响氧的吸收来抑制呼吸作用，可以有效降低光合速率，使得叶绿素a含量下降，实际上是干扰了叶绿体的光合系统，破坏了膜结构，改变了酶活性，损害了基因组，进而杀死了藻细胞，削弱了藻细胞的繁殖能力，从而抑制了浮游植物的生长。乌梁素海水生植物主要包括芦苇、香蒲、龙须眼子菜、轮藻、狐尾藻等。这些水生植物均能释放化感物质，进而抑制浮游植物生长，例如，芦苇能够释放简单不饱和内酯，香蒲能够释放长链脂肪酸，龙须眼子菜能够释放萜类和甾类化合物，轮藻可以分泌二硫酚和三噻烷，狐尾藻能够释放焦棓酸等。实际上水生植物分泌化感物质的量也受到各种因素的影响，如不同水生植物间的作用，以及光照、水温的影响等。为进一步揭示乌梁素海水生植物抑制浮游植物生长的机理，可将相同水体划分为不同间隔小区，然后移入不同水生植物，测试浮游植物丰度去除率，揭示乌梁素海水生植物抑藻机理。

5 浮游植物群落结构特征与环境因子的响应关系

浮游植物生长及其群落结构特征受到众多环境因子的影响和制约，环境因子包括物理因素、化学因素、生物因素和人为活动等。但实际上，多种因素往往同时作用，直接或者间接地共同影响着浮游植物的生长动态过程。浮游植物形态多样，有单细胞、多细胞和群体等多种形式。浮游植物的细胞结构包括细胞壁、细胞质和细胞核等。不同门类的浮游植物的细胞壁是不同的。例如，绿藻门的细胞壁是由内层的纤维质和外层的果胶质构成的；硅藻门的细胞壁外层是以二氧化硅为主的硅质，内层则为果胶质。不同门类的浮游植物的细胞结构决定了其对生境的适应能力。硅藻门具有高度硅质化的细胞壁、其表面积与体积比较低等特性决定了其具有耐污染和耐低温的竞争优势，甲藻也具有类似的特征。因此，在冰封期，硅藻门和甲藻门各种类在水体内具有绝对的优势分布。不同浮游植物的细胞结构特征决定了其适应环境的能力，也表征出不同的浮游植物群落结构特征；反过来，环境条件变化也能决定哪些种群能够适应环境并生存下来。总之，受多种复杂环境条件影响，浮游植物群落结构和环境因子成为互相作用、互相影响、互相制约的生命共同体。

5.1 浮游植物优势种与环境因子的关系

群落学物种组成数据的分析方法通常有两类，一类是分类方法，另一类是梯度分析方法。研究人员常把梯度分析作为研究物种与环境变量关系的重要手段，一般把环境变量作为自变量，也称为预测变量或者解释变量；把表征物种特性的数据称为响应变量。梯度分析实质上就是排序分析，可揭示物种群落组成和物种所在环境因子间的关系，是一种将测试数据依次排列的多元统计方法。排序又分为约束性排序和非约束性排序。约束性排序（直接梯度分析）在特定的排序轴上寻求物种的变化规律，典范对应分析（Canonical Correspondence Analysis，简写为 CCA）、去趋势典范对应分析（Detrended Canonical Correspondence Analysis，简写为 DCCA）和冗余分析（Redundancy analysis，简写为 RDA）属于约束性排序范畴。非约束性排序（间接梯度分析）在排序轴上探讨解释变量和响应变量的回归关系，主成分分析（Principal components analysis，简写为 PCA）、对应分析（Correspondence analysis，简写为 CA）和去趋势对应分析（Detrended Correspondence analysis，简写为 DCA）属于非约束性排序范畴。根据物种组成和环境因子的关系，梯度分析分为线性模型、单峰模型和去趋势的单峰模型。线性模型和单峰模型又分别分为直接排序和间接排序。实际上，物种组成结构与环境因子的变化关系非常复杂，多数情况属于非线性关系，而不是线性关系。本文涉及研究为了揭示乌梁素海浮游植物群落结构物种组成变化，探讨群落结构根据环境条件变化的连续性和预测性，通过对物种数据和环境因子数据进行整理并排序分析，物种数据使用不同采样点在不同月份浮游植物优势种丰度作为响应变量，共筛选出优势种 44 种。环境因子数据使用总氮、氨态氮、硝态氮、总磷、溶解性总磷、化学需氧量、生化需氧量、叶绿素 a、电导率等参数，并将其作为解释变量。在进行排序分析之前，先将不同采样点位和不同时间的浮游植物优势种数据进行去趋势对应分析（DCA），如果发现每个排序轴的梯度长度值均小于 3（Lengths of gradient < 3），则理论上使用基于线性模型的冗余分析（RDA）比基于单峰模型的典范对应分析（CCA）更精确。但是，环境因子与物种关系往往是非线性的，可以把线性关系看成非线性关系的一种特例，因此，冗余分析能实现的，典范对应分析也能完成。

去趋势 DCA 分析结果显示，4 个排序轴的梯度长度值分别为 4.876、

2.445、1.643和1.508。因此，本书涉及研究选择基于单峰模型的典范对应分析（CCA），对乌梁素海浮游植物物种与环境因子的关系进行解释。乌梁素海不同时间各采样点浮游植物优势物种与环境因子的典范对应排序如图51所示。从图51中可以看出，在不同采样时间条件下，双头辐节藻、埃尔多甲藻、螺旋藻、微小隐球藻、单生卵囊藻、水溪绿球藻、梅尼小环藻等藻类对氮盐的依赖性更为密切。这些藻种适合生长在低温、光照较弱的环境中，耐污染能力较强，在冬季能够生存，在春季基本消失。微小隐球藻、华美十字藻、银灰平裂藻、束缚色球藻、点形平裂藻等藻种虽然与不同形态氮浓度的相关性较弱，但适应温度变化的能力较强，主要出现在夏季。美丽星杆藻、不整齐蓝纤维藻、空球藻、链丝藻、沼泽颤藻、针形纤维藻、湖沼色球藻等藻种与不同形态磷极为密切，磷成为它们生长限制的主要因子。这些藻种常常需要较高温度才能更好地繁殖，主要出现在春季的4月。四尾栅藻、双对栅藻、优美平裂藻等藻种不仅对有机污染较高的5月水体适应能力较强，也具有较好的耐盐特征，在冬季和春季均能够出现，具有较宽生态位。篦形短缝藻、扁圆卵形藻、线形菱形藻、尖针杆藻、简单舟形藻等藻种抵抗有机污染和盐度污染的能力较弱。绿藻门的裂孔栅藻和实球藻等藻种含有浓度较高的叶绿体，光合作用能力较强，通过叶绿素能够将光能转变为化学能。

在夏季，这些藻种的丰度与水体中叶绿素a的浓度密切相关。如图52所示，从不同采样点各时间的优势种与环境因子的典范对应分析（CCA）的结果可以看出，尖针杆藻和微囊藻在湖泊南部水质较好水域受有机物污染和盐化污染影响显著，篦形短缝藻、实球藻、蛋白核小球藻、空球藻在乌梁素海中北部区域受不同形态氮浓度影响显著。梅尼小环藻、谷皮菱形藻、沼泽颤藻等种类在乌梁素海水生植物分布密集的中部与不同形态磷浓度关系密切。可见不同采样点所处功能区不同，对浮游植物群落结构的影响也有很大差异，表现为在不同采样点对应环境因子的差异性。

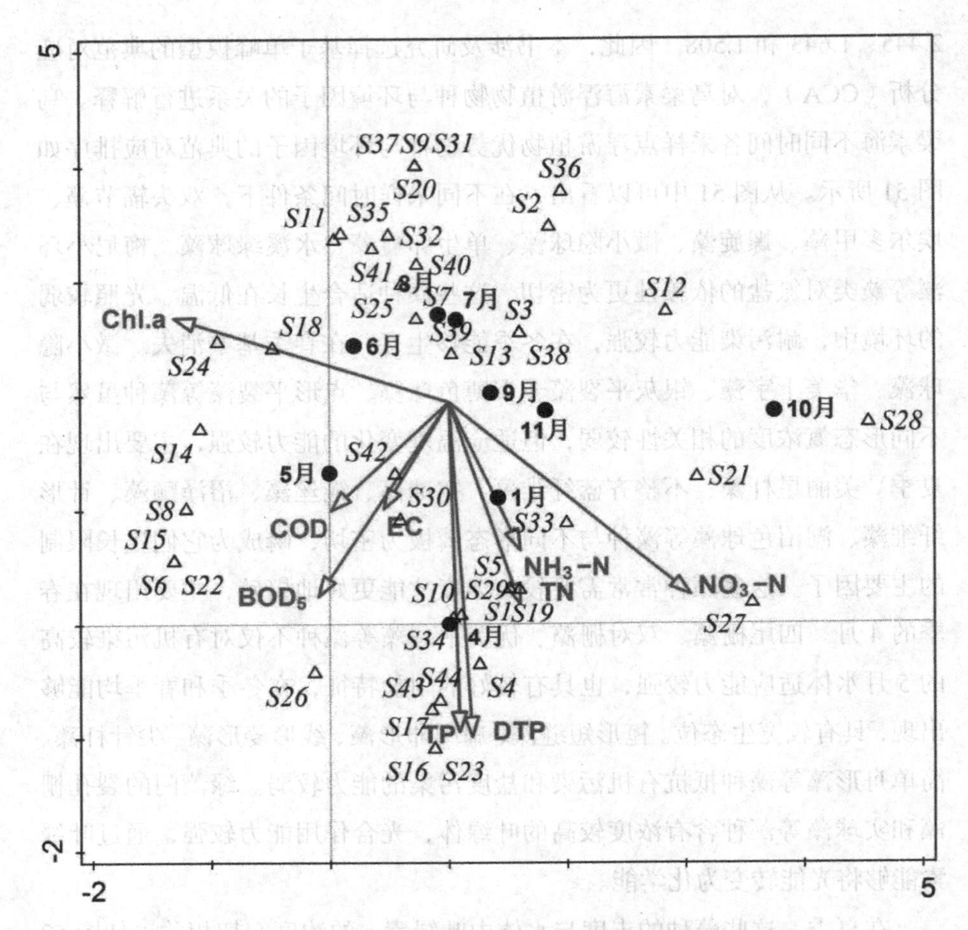

图 51 不同时间各采样点优势种与环境因子的典范对应分析

Fig.51 CCA analysis based the dominant speciesand envionmental factors in different time

注：（S1：埃尔多甲藻；S2：篦形短缝藻；S3：扁圆卵形藻；S4：不整齐蓝纤维藻；S5：单生卵囊藻；S6：蛋白核小球藻；S7：点形平裂藻；S8：二形栅藻；S9：谷皮菱形藻；S10：湖沼色球藻；S11：华美十字藻；S12：尖针杆藻；S13：简单舟形藻；S14：居氏腔球藻；S15：具星小环藻；S16：空球藻；S17：链丝藻；S18：裂孔栅藻；S19：螺旋藻；S20：绿色颤藻；S21：梅尼小环藻；S22：美丽鼓藻；S23：美丽星杆藻；S24：实球藻；S25：束缚色球藻；S26：双对栅藻；S27：双头辐节藻；S28：水华微囊藻；S29：水溪绿球藻；S30：四尾栅藻；S31：铜绿微囊藻；S32：微囊藻；S33：微小隐球藻；S34：尾裸藻；S35：细小隐球藻；S36：狭形纤维藻；S37：纤细月牙藻；S38：线形菱形藻；S39：小球藻；S40：星芒小环藻；S41：银灰平裂藻；S42：优美平裂藻；S43：沼泽颤藻；S44：针形纤维藻）

（S1：Perinidiumelpatiewskyi；S2：Eunotiapectinalis；

S3：Cocconeisplacentula；S4：Dactylococcopsisirregularis；S5：Oocystis solitaria；S6：Chlorella pyrenoidosa；S7：Merismopedia punctata；S8：Scenedesmus dimorphus；S9：Nitzschia palea；S10：Chroococcuslimneticus；S11：Crucigenialauterbornii；S12：Synedra acus；S13：Navicula simples；S14：Coelosphaeriumkützingianum；S15：Cyclotella stelligera；S16：Eudorina elegans；S17：Hormidiumklibsii；

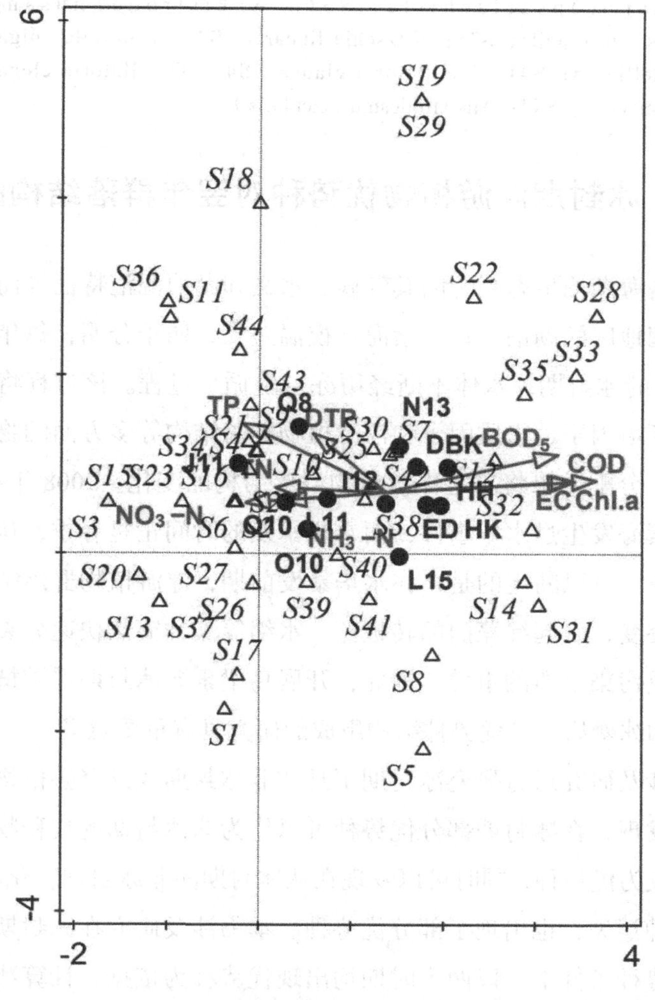

图 52 不同采样点各时间优势种与环境因子的典范对应分析

Fig.52 CCA analysis based the dominant species and envionmental factors in different plots

注：（同图 51）

S18：Scenedesmus perforatus；S19：Scenedesmus perforatus；S20：Oscillatoria chlorina；S21：Cyclotella meneghiniana；S22：Cosmariumformosulum；S23：Asterionellaformosa；S24：Pandorina morum；S25：Chroococcustenax；S26：Scenedesmus bijuga；S27：Stauroneis anceps；S28：Microcystis flos-aquae；S29：Chlorococcuminfusionum；S30：Scenedesmus quadricauda；S31：Microcystis aeruginosa；S32：Microcystis scripta；S33：Aphanocapsadelicatissima；S34：Euglena caudata；S35：Aphanocapsaelachista；S36：Ankistrodesmusangustus；S37：Selenastrum gracile；S38：Nitzschia linearis；S39：Chlorella vulgaris；S40：Cyclotella slelligera；S41：Oscillatoria glauca；S42：Oscillatoria elegans；S43：Oscillatoria limnetica；S44：Ankistrodesmusacicularis）

5.2 冰封期浮游植物优势种对翌年群落结构的影响

乌梁素海湖泊生态系统因其气候、水文和湖泊源汇特征等而明显有别于南方湿润地区的湖泊。乌梁素海昼夜温差大，四季分明，每年需要经历5个月左右的冰封期，水体不断经历冻－融循环过程。该过程将引起水环境系统内环境因子、水质因子和浮游植物群落结构等多方面的物质迁移和重新分配，分配结果将决定浮游植物群落结构的变化。2008年和2009年春季乌梁素海发生过水华事件，而水华暴发的时间正是春季，从4月开始至5月结束。可以断定的是，在水华暴发前期，浮游植物群落结构特征一定发生了突变，引起绿藻门的转板藻、水绵等藻种突然快速分裂繁殖，从而发生严重污染水质的事件。因此，开展乌梁素海冰封期浮游植物优势种结构组成和冰融后4月优势种结构组成的研究具有重要意义。

本书涉及研究通过研究冰封期1月和非冰封期4月浮游植物群落的结构，可以发现，在冰封期部分优势种可以作为非冰封期的接种物进入非冰封期继续成为优势种，同时可以发现在从冰封期向非冰封期转化的过程中，一些优势种消失，也出现了部分优势种。本书涉及研究在冰封期和非冰封期均为优势种条件下，以两个时期均出现优势种为依据，计算冰封期和非冰封期该优势种在不同样点出现的频率。以两个时期出现频率的比值计算冰封期的优势种对非冰封期的优势种的贡献率。在这两个时期，优势种变化过程见表8。从表8中可以看出，水体环境条件发生改变后，优势种亦发生了变化。浮游植物群体在由外界环境的冰封阶段缓慢转为非冰封阶段后，增加的主要优势种有硅藻门的美丽针杆藻、最小舟形藻、短线脆杆藻、谷皮菱形藻、何氏卵形藻和美丽星杆藻，绿藻门的空球藻，蓝藻门的小型色球藻、沼泽颤藻、绿色颤藻和不定腔球藻。在非冰封期增加的优势种仅有硅藻门、绿藻门和蓝藻门各藻种，环境条件变化后，这些藻种更为敏感，更适宜春季的较高温度、光照和强度等条件。非冰封期与冰封期相比，消失了大部分适应冬季水体生活环境的藻种，主要有硅藻门的微小舟形藻和卵圆双眉藻，绿藻门的单生卵囊藻、特平鼓藻、狭形纤维藻、小空星藻和水溪绿球藻，蓝藻门的小席藻、银灰平裂藻、点型平裂藻、微小隐球藻、螺旋藻、中华尖头藻，裸藻门的芒刺囊裸藻和鱼形裸藻，甲藻门的盾形多甲藻和埃尔多甲藻。对于占有绝对优势的硅藻门、绿藻门和蓝藻门藻种，无论是在怎样的生活环境中，都有能够安全越冬的藻种，也有新增的藻种，还有消失的藻种，可见该3门藻种的生态位很宽，对维持整个湖泊水生态系统具有决定作用。甲藻门的盾形多甲藻和埃尔多甲藻具有极好的耐低温能力。这是因为甲藻细胞壁可作为坚硬的外壳。相比其他藻类，甲藻对水温要求更为明显。在适宜的光照和水温条件下，甲藻可以在短期内快速地大量繁殖。

从表8中还可以看出，能够安全越冬的藻种主要有硅藻门的梅尼小环藻、尖针杆藻、短小舟形藻、双头舟形藻、放射舟形藻和双头辐节藻，绿藻门的双对栅藻、小球藻、四尾栅藻、链丝藻和针形纤维藻，蓝藻门的不整齐蓝纤维藻、束缚色球藻、湖沼色球藻、微小色球藻、点形平裂藻、微小平裂藻、优美平裂藻、微囊藻和细小隐球藻，裸藻门的尾裸藻。这些藻种在越冬后成为非冰封期的优势种。越冬藻种的贡献率并不相同，在冰封期对非冰封期贡献率大的藻种具有绝对的优势成为主导浮游植物群落的种类。贡献率达到100%的藻种主要有硅藻门的短小舟形藻、双头舟形藻、放射舟形藻、双头辐节藻，绿藻门的双对栅藻、四尾栅藻、链丝藻，蓝藻门的不整齐蓝纤维藻、微小平裂藻、微囊藻和细小隐球藻，裸藻门的尾裸藻。

表 8　冰封期浮游植物优势种对翌年贡献率

Table8　Contribution rate of dominant species of phytoplankton to next year during ice season

门	在冰封期与非冰封期均存在的优势种	贡献率（%）	在非冰封期新增的优势种	在非冰封期消失的优势种
硅藻门	梅尼小环藻	73.33	美丽针杆藻	微小舟形藻
	尖针杆藻	73.68	最小舟形藻	卵圆双眉藻
	短小舟形藻	100.00	短线脆杆藻	
	双头舟形藻	100.00	谷皮菱形藻	
	放射舟形藻	100.00	何氏卵形藻	
	双头辐节藻	100.00	美丽星杆藻	
绿藻门	双对栅藻	100.00	空球藻	单生卵囊藻
	小球藻	12.50		特平鼓藻
	四尾栅藻	100.00		狭形纤维藻
	链丝藻	100.00		小空星藻
	针形纤维藻	40.00		水溪绿球藻
蓝藻门	不整齐蓝纤维藻	100.00	小型色球藻	小席藻
	束缚色球藻	16.67	沼泽颤藻	银灰平裂藻
	湖沼色球藻	33.33	绿色颤藻	点型平裂藻
	微小色球藻	75.00	不定腔球藻	微小隐球藻
	点形平裂藻	50.00		螺旋藻
	微小平裂藻	100.00		中华尖头藻
	优美平裂藻	71.43		
	微囊藻	100.00		
	细小隐球藻	100.00		

续表

门	在冰封期与非冰封期均存在的优势种	贡献率（%）	在非冰封期新增的优势种	在非冰封期消失的优势种
裸藻门	尾裸藻	100.00		芒刺囊裸藻
				鱼形裸藻
甲藻门				盾形多甲藻
				埃尔多甲藻

5.3　浮游植物优势种的形成条件

浮游植物优势种是在群落中占有一定比例的物种，且出现频率提高。优势种的形成与适宜的水温、光照、水动力特征以及营养盐浓度和比例等因子密切相关。不同优势种的形成对环境的要求亦有很大差异，主要与优势种的细胞结构有关。从以上分析结果还可以看出，浮游植物优势种群的形成受时间和空间的多重限制。在不同采样功能区，浮游植物优势种与相同污染物质的相关性亦不同。在冰封期水体中，甲藻门的盾形多甲藻和埃尔多甲藻，裸藻门的鱼形裸藻和芒刺囊裸藻很快成为优势种；而进入春季，水温升高，在冰封条件已失去的环境下，这些藻种随之消失。各藻种对温度、氮磷营养盐浓度、光照强度等环境因子都会有相对应的阈值。未来的相关研究应加强组合小区实验，分别设置单一因子、双重因子和多重因子的阈值或环境因子区间值的定量研究。

5.4　结果与讨论

5.4.1　浮游植物优势种与环境因子的关系

从不同时间各采样点优势种与环境因子的典范对应分析可知，在不同的采样时间，双头辐节藻、埃尔多甲藻、螺旋藻、微小隐球藻、单生卵囊藻、水溪绿球藻、梅尼小环藻等藻类对氮盐的依赖更为大，耐污染能力较强，适合生长在低温、光照较弱的冬季。在夏季出现的微小隐球藻、华美十字藻、银灰平裂藻、束缚色球藻、点形平裂藻等藻种适应温度变化的能力较强。在春季，磷盐是美丽星杆藻、不整齐蓝纤维藻、空球藻、链丝藻、沼泽颤藻、针形纤维藻、湖沼色球藻等藻种生长的主要限制因子。四尾栅藻、双对栅藻、优美平裂藻等藻种不仅对有机污染较高的5月水体适应能力较强，还具有很好的耐盐性。叶绿素a浓度与绿藻门的实球藻和裂孔栅藻具有十分显著的相关性，这也证明了绿藻门含有较多的叶绿素a，其色素成分及各种色素的比例均与高等植物相似。绿藻门不同于其他真核藻类，在叶绿体内储存物质，而并不在细胞质中合成物质，体内叶绿素占优势，植物体呈现绿色。

从不同采样点各时间优势种与环境因子的典范对应分析结果亦可知，在水质较好的条件下，尖针杆藻和微囊藻受有机污染和盐化污染的影响显著；在乌梁素海水动力条件较强的中北部，篦形短缝藻、实球藻、蛋白核小球藻、空球藻受不同形态氮浓度的影响显著，梅尼小环藻、谷皮菱形藻、沼泽颤藻等在乌梁素海水生植物分布密集中部与不同形态磷浓度的关系密切。无论是从不同时间各采样点的优势种角度，还是从不同采样点各时间的优势种角度分析，硅藻门在4个象限基本都有分布，表明硅藻具有很宽的生态位，占有资源和适应环境的能力强，也验证了硅藻在多年各个季节均有分布的结论。

浮游植物群落结构特征变化受到多个环境因子的影响，本书主要从叶绿素a、不同形态的氮和磷、有机污染指标和电导率等污染物因子与浮游植物特征关系进行了梯度分析。实际上，浮游植物群落结构变化还受到浮游动物群落结构，水生生物的生长速率、死亡速率和沉降速率，浮游植物生长动力方面的影响。在光照条件下，浮游植物和水生生物吸收氮、磷等营养盐，浮游植物通过光合作用释放氧气。浮游植物和水生生物衰老、死亡后，一部分在水体中水解，另一部分则逐渐沉到水底，进入沉积物中被矿化。在湖泊生态系统中，浮游植物生物量、氮、磷、溶解氧等循环过程一直存在，浮游植物群落结构自然会受到生长动力、新陈代谢、被捕食、沉降等环节的影响。浮游植物与环境因子响应关系的研究主要集中在化学因素（有机污染、盐化污染、酸碱度和不同形态氮磷等营养盐）和物理因素（水温、水动力因素、水深、透明度等）的单一影响或综合影响，少部分研究集中在营养盐比例、吸收营养盐先后顺序以及吸收氮、磷等营养盐的动力学特征反应浮游植物群落结构特征。但是，对浮游动物群落结构特征以及不同水生生物分布特征对浮游植物群落结构的影响进行研究还十分罕见。未来相关研究应加强浮游动物群落特征的测试和鉴定，在乌梁素海水生植物密集区划定水上样方，测定物种种类及其生物量，可从多思维、多角度分析乌梁素海中复杂的生态效应。

5.4.2 冰封期浮游植物种类对非冰封期浮游植物生长繁殖的影响

冰封期与非冰封期生态环境的变化引起了浮游植物群落结构的差异，部分藻种在环境转变过程中消失，有些藻种在此过程中出现，有些藻种在此过程中能够安全越冬甚至在冬季进行新陈代谢。冰封期藻种对非冰封期藻种贡献率大的藻种具有绝对的优势成为主导浮游植物群落的种类，贡献率达到 100 % 的浮游植物种类能够从冬季完全进入春季，且在春季无论是数量还是在各采样点位出现的频率均大于冬季，表明这些种类可以完全不受冰封期的影响，安全进入春季，成为春季优势种，并为水华暴发奠定了基础。因此，这些种类急需引起人们注意。如果相关人员在冬季采取多种抑藻措施，将这些藻种扼杀在“摇篮”中，就可有效控制和预防春季水华事件发生。贡献率达到 100 % 的藻种主要有短小舟形藻、双头舟形藻、放射舟形藻、双头辐节藻、双对栅藻、四尾栅藻、链丝藻、不整齐蓝纤维藻、微小平裂藻、微囊藻、细小隐球藻和尾裸藻等。藻种的贡献率小于 100 %，说明其在春季出现的数量和频率在不同程度上小于冬季。这些藻种一旦进入良好的环境中，将会迅速地大量繁殖，造成水华事件。

6 冰封期浮游植物和污染物冰－水介质迁移过程

湖泊水体污染物随着水体水动力特征不断变化和环境条件变异而发生不同程度的迁移转化，湖泊水体中浮游植物和污染物质在冰封期和非冰封期因环境条件不同会具有很大差异。乌梁素海冰封期长、冰层厚、流速低、流量小、污染重。与非冰封期相比，污染物将重新分配，并受该时期环境条件的制约而发生迁移转化。冰封期环境条件发生变化主要表现为：（1）冰封期温度低，影响微生物活性，进而降低了污染物降解能力，导致冬季污染加重；（2）冰封期结冰后，因冰体覆盖，反射增强，进入冰内水体的光强减弱，光合作用降低，水体内溶解氧减少；（3）降雪覆盖冰层，影响污染物质的光解作用，降低了有机物的分解过程，影响水环境中特殊污染物的归趋；（4）冰层覆盖阻碍了大气复氧过程，水体内溶解氧不能得到有效补充，耗氧微生物将殆尽；（5）水动力条件发生变化，水体上表面无自由边界，水体受到约束，冰内水体压力增加，影响水体流动，进而阻碍污染物分解。因此，冰封期冰水冻融过程中污染物质在冰－水界面将发生迁移。为了探明冰封期不同冰层和水体中污染物质迁移规律，研究人员在野外采样，在室内检测的基础上，绘制了12个采样点的浮游植物和不同污染物质的垂向变化过程。

6.1 浮游植物冰－水介质迁移规律

浮游植物是水生态系统的重要组成部分。在不同季节的水体或冰体内，在不同的环境中，浮游植物的迁移转化规律不同。为揭示浮游植物冰封期在冰－水介质中分配规律，研究人员绘制了乌梁素海冰封期12个采样点不同冰层和不同水层中浮游植物变化过程图（如图53所示）。从图53可以看出，在采样点不同冰层中浮游植物丰度呈现出表层高、中层低、底部高的总体规律。在水体结冰初期，表层冰中浮游植物丰度高与表层冰经历冻融循环过程有关。昼夜温差大可引起水体在夜间冻结，在白天融化。底层冰因水体温度的波动会出现冻融不断交替的现象。冰体在融化过程中内部将出现无数微小孔隙，孔隙内充塞着含有浮游植物的水体，孔隙有很大的比表面积，具有毛细作用，将阻碍冰体内孔隙中含有浮游植物的水体流出，在周边温度降低后冻结过程开始，浮游植物就被冻结在冰晶内。冰体快速生长期是冰体中间层形成的阶段。在该阶段环境温度下降速度快，冰体迅速形成，基本未发生冻融过程。因此，在这一阶段表层冰和底层冰中浮游植物的丰度较中间层冰体高。

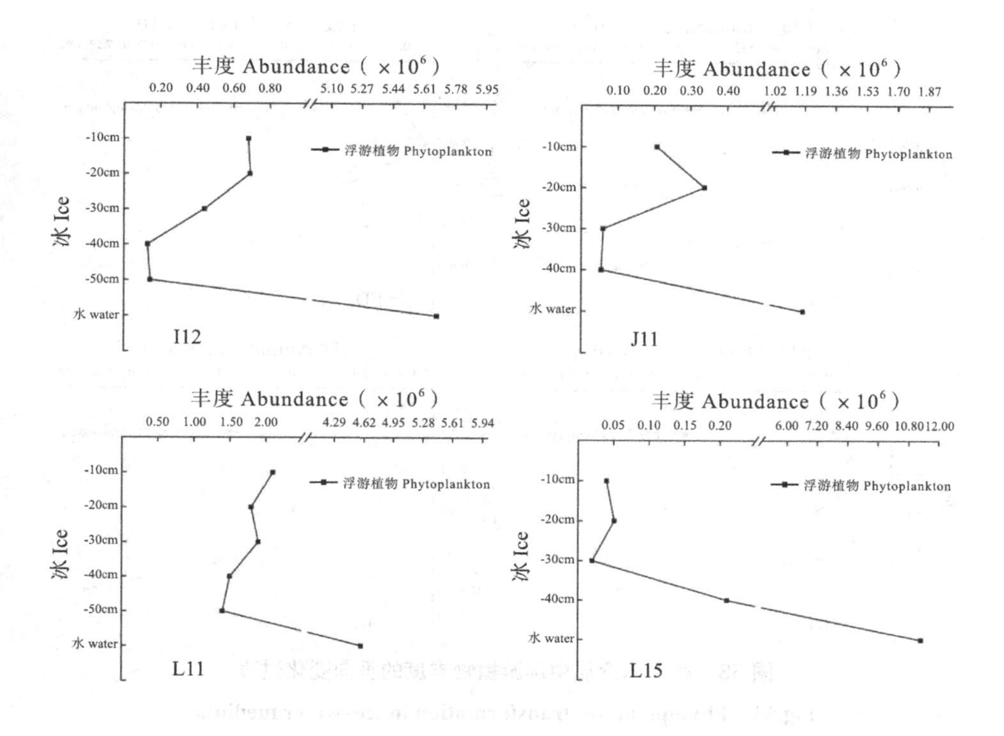

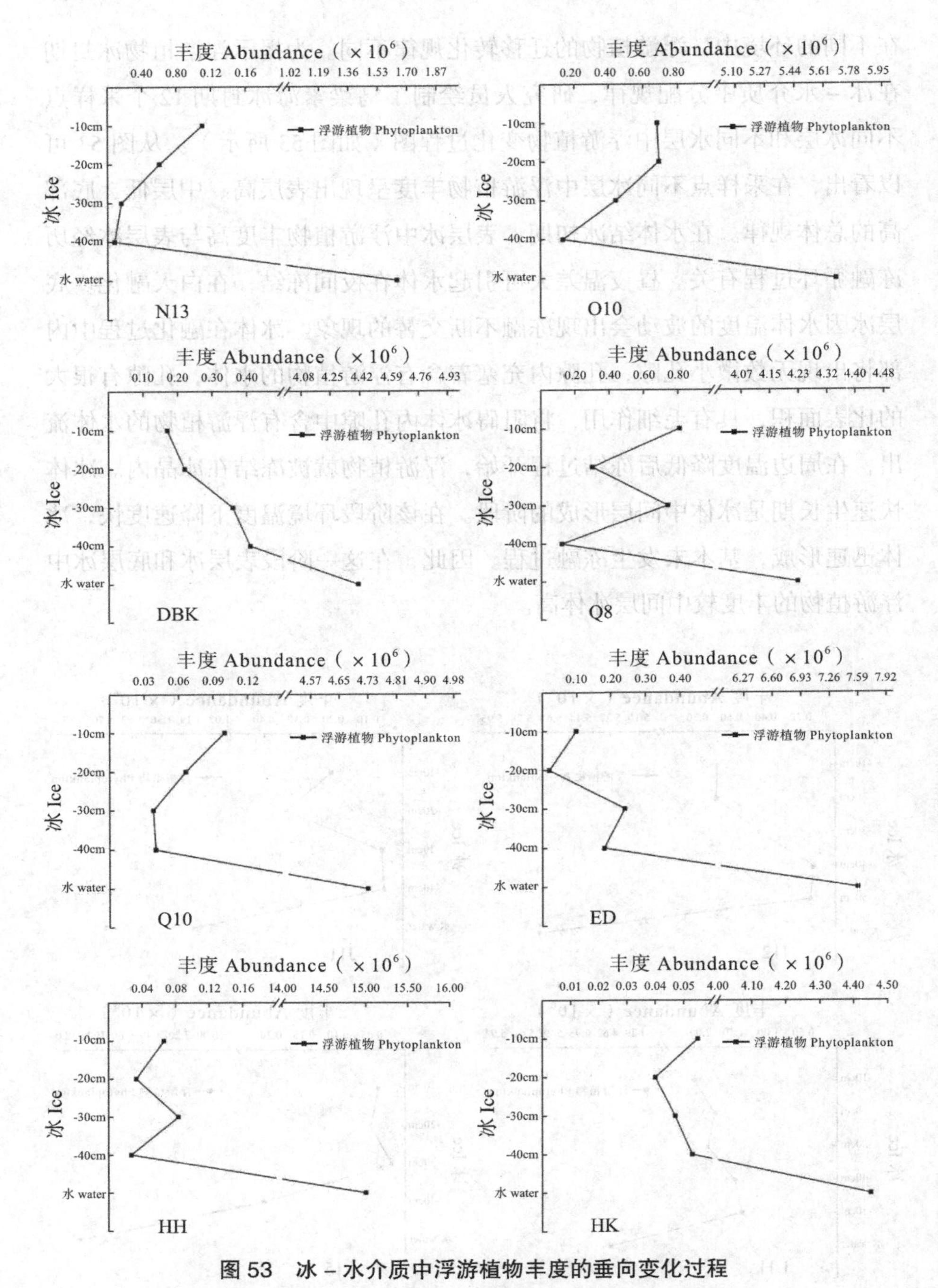

图 53　冰－水介质中浮游植物丰度的垂向变化过程

Fig.53　Phytoplankton transformation in ice-water medium

从12个采样点的浮游植物丰度在冰－水介质中迁移的规律可以看出，水体中浮游植物的丰度显著高于冰体，表明在水体结冰过程中浮游植物将从冰体向水体析出。12个采样点的浮游植物的丰度在不同冰层的平均值在0.05×10^6～1.74×10^6 ind/l间变化，12个采样点的冰下水体中浮游植物的丰度在1.18×10^6～15.00×10^6 ind/l间波动，可见丰度值波动较大。在冬季，乌梁素海北部I12、J11、L11、L15和N13共5个采样点的浮游植物的丰度平均值为4.66×10^6 ind/l，乌梁素海中部DBK、O10、Q8和Q10共4个采样点的浮游植物的丰度平均值为4.63×10^6 ind/l，乌梁素海南部ED、HH和HK共3个采样点的浮游植物的丰度平均值为9.01×10^6 ind/l，由北向南总体呈现下降变化趋势。这与非冰封期变化趋势相似，主要是由于乌梁素海北部采样点的水动力扰动大，不适合浮游植物生长；乌梁素海中部分布着大量水生植物，水生植物的化感作用将抑制浮游植物生长；乌梁素海南部的水体流动极为缓慢，这里属于明水区域，水生植物分布少，该区域的环境更适合浮游植物生长，因此南部浮游植物的丰度高于北部和中部。

6.2 不同形态氮的冰－水介质迁移规律

氮盐是浮游植物生长的必要营养元素，也是蛋白质组成的元素之一。水体中氮的存在形式一般分为亚硝态氮、硝态氮、氨态氮、氮气、有机氮等。亚硝态氮不稳定，常为氮循环过程的中间产物。硝态氮为有机分解后的稳定产物。氨态氮常以游离态的方式存在。浮游植物吸收不同形态的氮存在一定的差异。在一般情况下，浮游植物对氨态氮的利用率大于对其他形态的氮，吸收氨态氮的速率最大[149-150]。因此，氨态氮浓度的大小对水体环境效应将产生很大影响。可见，在水体中，氮盐不可缺少，但超过一定浓度将破坏水生态系统平衡，导致浮游植物等水生生物大量繁殖，发生水华现象，大量繁殖的生物将从水体中汲取大量的氧，引起水体缺氧而导致水质恶化。在冰封期12个采样点的不同冰层和不同水层中总氮、氨态氮和硝态氮的变化过程如图 54 所示。N13、DBK、L15、ED、Q10 共 5 个采样点的总氮在不同冰层中的含量波动较大，总氮平均变异系数达 0.35，而在其他采样点不同冰层中总氮含量的平均变异系数为 0.22。这主要是由于在 N13、DBK、L15 周边有围网养殖，ED 位于旅游区，Q10 位于旅游区边缘，这些区域受人为干扰较大。因此，不同冰层中总氮含量上下波动剧烈。12 个采样点不同冰层的总氮含量平均值在 0.40 ～ 0.66 mg/l 间波动，不同冰层的氨态氮含量平均值在 0.03 ～ 0.08 mg/l 间波动，不同冰层的硝态氮含量平均值在 0.13 ～ 0.43 mg/l 间波动；12 个采样点水体内总氮含量在 1.02 ～ 8.34 mg/l 间波动，水体内氨态氮含量在 0.07 ～ 1.24 mg/l 间波动，水体内硝态氮数值在 0.17 ～ 5.81 mg/l 间波动，可见在不同采样点，不同形态氮含量因乌梁素海功能区存在差异而变化较大。

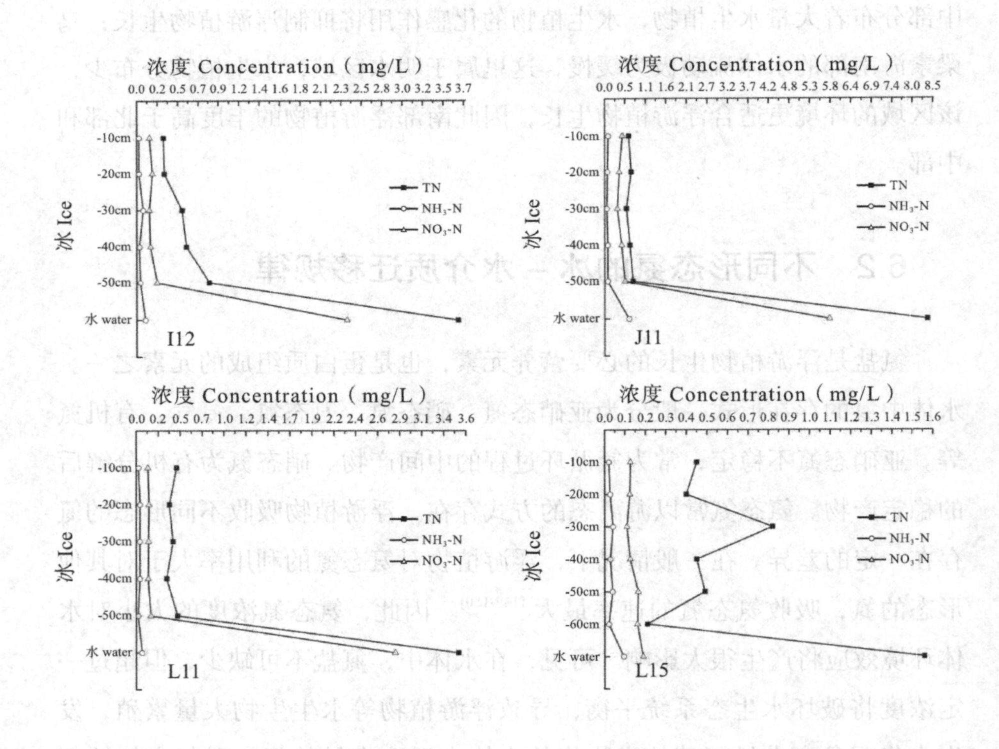

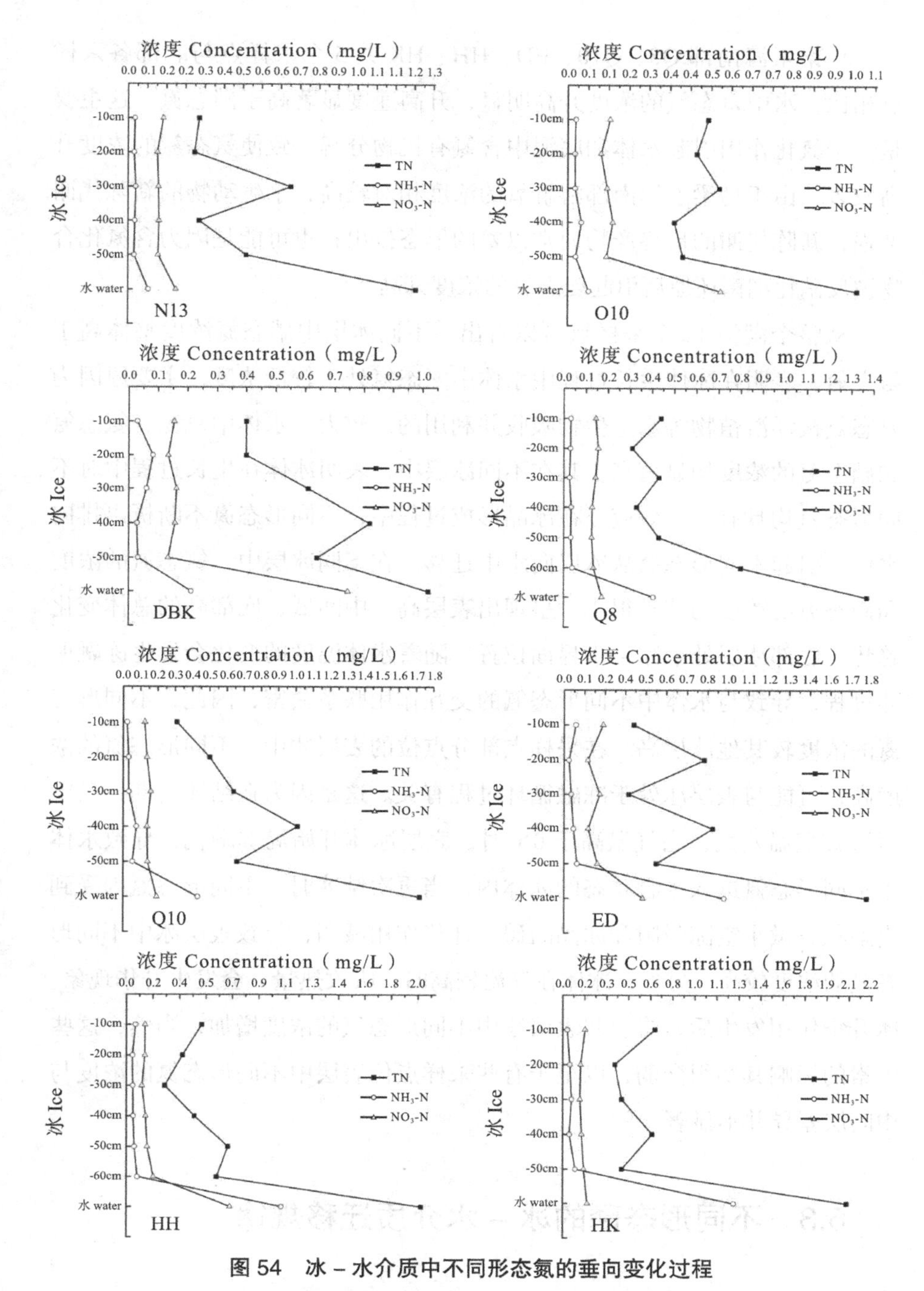

图 54　冰－水介质中不同形态氮的垂向变化过程

Fig.54　Different forms of nitrogen transformation in ice-water medium

乌梁素海南部Q8、Q10、ED、HH、HK共5个采样点与北部各采样点相比，水中氨态氮的浓度升高明显，升高速度显著高于硝态氮。这主要是由于氮化作用引起水体和底泥中含氮有机物分解，致使氨态氮的浓度升高较多。由于乌梁素海南部溶解氧的浓度相对较高，水生动物的新陈代谢增强，新陈代谢的最终产物通常以氨的形态排出；也可能是因为含氮化合物被反硝化细菌还原后引起氨态氮的浓度升高。

从整个湖泊12个采样点可以看出，不同冰层中硝态氮浓度整体高于氨态氮，表明在冰体生长过程中水体中氨态氮处于较低浓度，主要原因为氨态氮被浮游植物等水生生物吸收并利用的量较大。水体中总氮、氨态氮和硝态氮的浓度均显著高于其在不同冰层中，表明冰体在生长过程中对不同形态氮均具有排斥效应。在冰晶形成过程中，不同形态氮不断析出排向水体，引起不同形态氮从冰层向水中迁移。在不同冰层中，氨态氮的浓度和硝态氮的浓度的波动很小，呈现出表层高、中间低、底部高的总体变化趋势。底部冰层处于冰－水界面位置，随着水体温度的变化会发生冻融循环过程，导致与水体中不同形态氮的交互作用联系紧密，因此，不同形态氮的浓度较其他冰层高。在采样点部分点位的表层冰中，不同形态氮的浓度高，可能与表层冰处于冻融循环过程有关。这是因为在结冰初期，乌梁素海昼夜温差大，当气温高于0℃时，表层冰体开始局部融化，导致水体中不同形态氮进入半融状态的冰体内；当再次结冰时，不同形态氮因受到半融状态微小空隙吸附和冰晶阻碍，迁移作用减弱，导致表层冰中不同形态氮的浓度较高。另外，冰体在气温较高时，吸收热量，会发生升华现象。冰升华作用发生后，将引起表层冰中不同形态氮的浓度增加，当然，这些因素的影响其实很微弱，以至于有些采样点位表层中不同形态氮的浓度与中间层差异并不显著。

6.3　不同形态磷的冰－水介质迁移规律

磷在湖泊生态系统中具有重要地位，是生物生长过程中极为重要的元素。磷是核糖核酸、脱氧核糖核酸和细胞膜的关键组成元素。磷存在的形态和含量对浮游植物生长具有重要作用。过量的溶解性磷酸盐将引起湖泊富营养化，导致蓝藻暴发。浮游植物主要吸收磷酸盐，通过降低水体内磷含量可以降低浮游植物数量，达到控制富营养化的目的。造成富营养化的主要因素是营养盐浓度与不同营养盐比例关系，常常被关注的是氮磷比。控制浮游植物群落结构和生长速率的氮磷比主要由最大限制或最小利用因子决定。在不同水体环境中，氮和磷都可能成为限制性因子。水体中的磷存在的主要形态为总磷、有机磷、溶解性磷酸盐等，大部分磷几乎以不同种的磷酸盐形式存在。乌梁素海磷的来源为上游生活污水和工业废水排入的外源磷，以及底质在水体处于还原态条件下释放的内源磷。

在冰封期 12 个采样点的不同冰层和不同水层的总磷和溶解性总磷变化过程如图 55 所示。从图 55 中 I12 采样点和 J11 采样点对比可以看出，I12 采样点表层冰中 0 ～ 10 cm 和 10 ～ 20 cm 处溶解性总磷高于 J11 采样点，总磷呈现出正好相反的趋势，这两个采样点底层冰中总磷和溶解性总磷含量的变化趋势基本一致。这主要因为 J11 采样点位于进水口附近，水体扰动能力强，受水动力学因素影响大；I12 采样点位于进口北部，受动力学影响小。形成这种趋势变化的机理为强水动力条件促使水体中总磷浓度升高，并且随水动力强度增加而呈上升趋势。水体受到严重扰动后，水中颗粒磷浓度升高，溶解性总磷和溶解性有机磷浓度降低。分析其原因为水体中含有大量微小悬浮颗粒物，而这些颗粒物具有很大的比表面积，也具有很强的吸附性和絮凝性，因此水动力条件下的扰动将导致总磷释放，而不一定释放溶解性总磷。在结冰初期，总排干渠道补给乌梁素海的水量较大，入口处水动力学条件较强，正好导致冰表层中总磷和溶解性总磷出现相反变化规律。随着冰不断生长，此时进入乌梁素海的水量严重减少，水动力特征不显著，进而导致底层冰中总磷和溶解性总磷与其在表层冰中出现不同的变化过程。从 12 个采样点总磷和溶解性总磷在不同冰层和水体中垂向变化趋势可以看出，在水体中不同形态磷浓度显著高于其在冰体中，且总磷和不同形态磷变化趋势基本相同，表明水体在结冰的过程中总磷和溶解性总磷会不断向外析出，从冰层向水体迁移。12个采样点的总磷浓度的平均值在0.03～0.07 mg/l间变化，不同冰层中溶解性总磷浓度的平均值在0.02～0.03 mg/l间变化；12个采样点水体中总磷浓度在0.053～0.117 mg/l间波动，水体中溶解性总磷浓度在0.043～0.069 mg/l间波动。N13、DBK、L15、ED 、Q10共5个采样点的不同冰层中总磷含量波动较大，5个采样点平均变异系数达0.33，而其他采样点不同冰层中总磷含量变异系数为0.19。这主要是由于在N13、DBK、L15周变有围网养殖，ED位于旅游区，Q10位于旅游区边缘，这些区域受人为干扰较大。可见，在不同冰层和水体中，总磷垂向变化规律的规律与总氮基本相同。从12个采样点表层冰中总磷和溶解性总磷变化情况还可以看出，在位于湖泊最南侧的采样点ED、HH和HK共3个采样点中，尽管总磷含量大于溶解性总磷含量，但是差异较小，主要原因是该3个采样点位于乌毛计出水闸上游附近。为了维持乌梁素海生态水量，该闸门基本处于关闭状态。该水域水体扰动能力弱，水体中含有微小悬浮颗粒物少，吸附和絮凝能力低，底质中总磷释放能力弱，水体中总磷浓度降低，因此，在该水域总磷含量和溶解性总磷含量相差较小。从图55中还可发现，总磷和溶解性总磷在不同冰层和不同水层中的变化趋势基本相同，总磷浓度和溶解性总磷浓度在冰层底部高于在表层，主要原因为底部冰层处于冰－水界面位置，随着水体温度的变化会发生冻融循环过程，导致其中的总磷浓度和溶解性总磷浓度与水体中不同形态磷交互作用联系紧密。因此，该处总磷浓度和溶解性总磷的浓度较其他冰层高。这与不同形态氮相比规律性并不明显。另外，在冰层表面、中间层和底层总磷和溶解性总磷的变化规律不尽相同。这主要是由于影响湖泊磷变化和迁移的因素众多。在水体结冰过程中，因其特殊生境发生变化，湖泊底质环境亦会发生很大差异。湖泊底质中含有大量磷，只要周边环境发生改变，都将会对水体中，甚至结冰过程中的冰体产生交互作用和生态效应。湖泊底质中磷的释放和沉淀与水体环境的氧化还原电位、水体温度、水动力条件、酸碱度、微生物生长、挺水植物和沉水植物分布变化等因素息息相关。例如，当水体中溶解氧含量高时，水体总磷浓度高于溶解氧浓度低时总磷浓度，而溶解性总磷浓度则表现为相反的变化过程。这主要是由于水体缺氧状态将体现为还原状态，三价态铁离子将还原为二价态铁离子，导致底质中的溶解性总磷不断向水体中释放。另外，湖泊底质中以及表面存在大量的微生物，微生物不但可以影响沉积物与水界面的环境化学行为，而且通过生化过程还直接影响底质与水体间各类营养盐的释放和沉积。微生物也可以作为生化反应酶，对有机磷进行快速分解和矿化，进而影响不同形态磷迁移转化。在湖泊水生态系统中，沉水植物和挺水植物的分布特征决定了水生植物吸收利用营养盐的过程，也是影响磷在水体和底质中交换分配的重要因素，这是因为有水生植物的水体底质中磷含量会低于无水生生物的水体。因此，复杂的变化环境导致总磷浓度和溶解性总磷浓度在垂向变化上的规律并不明显。

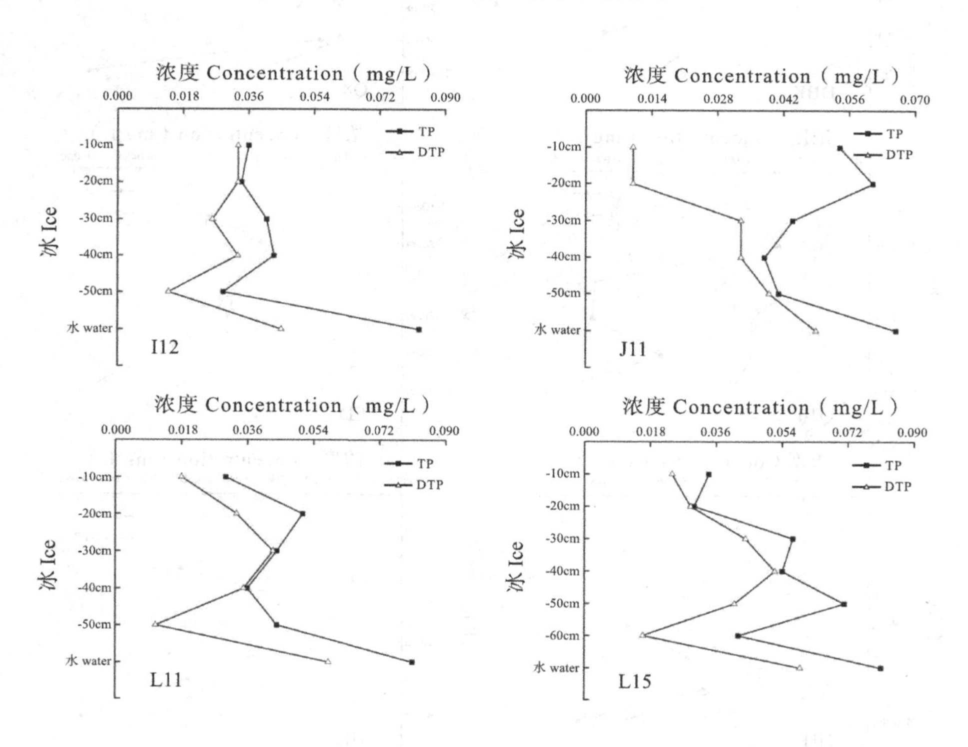

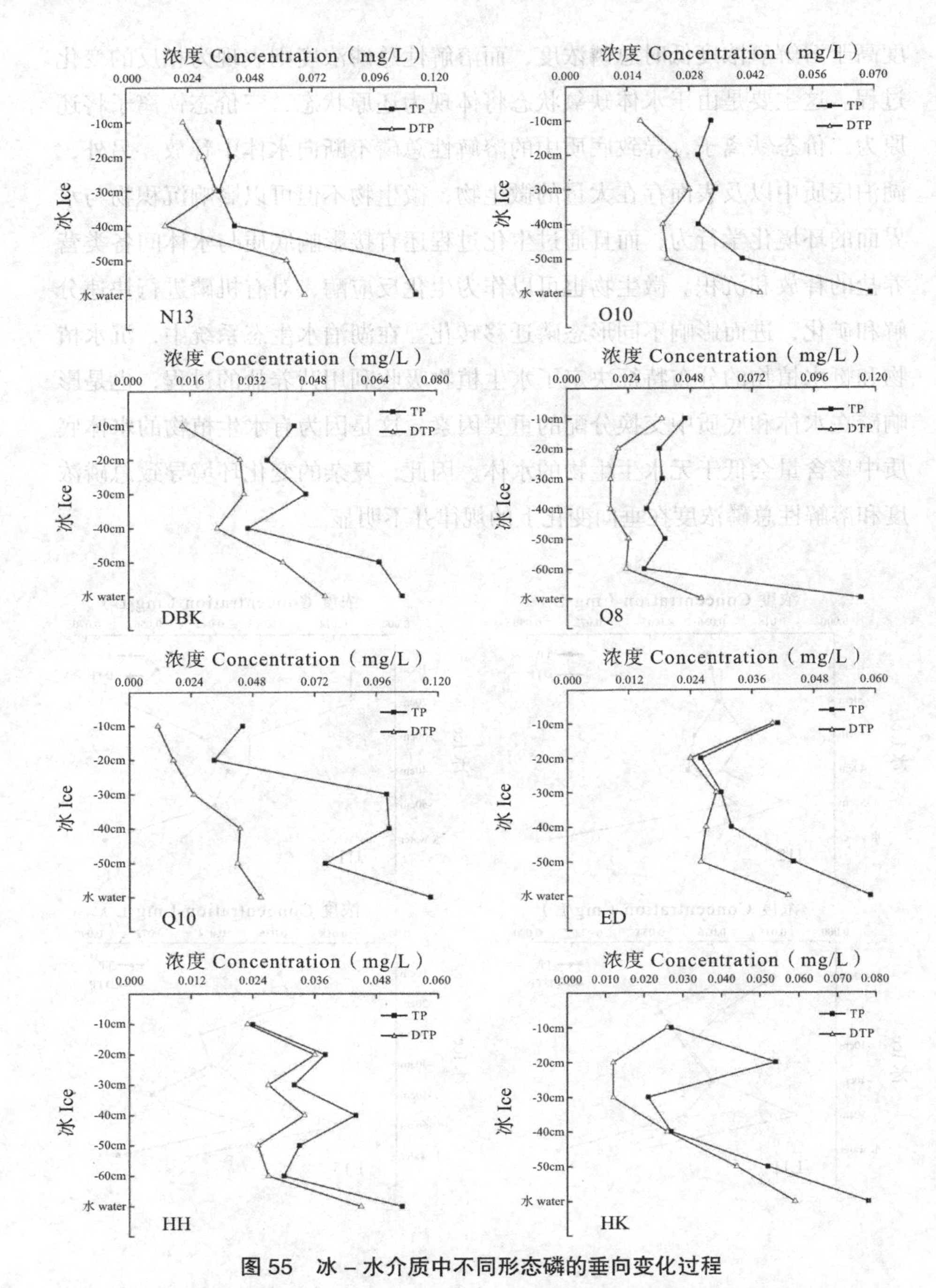

图 55　冰－水介质中不同形态磷的垂向变化过程

Fig.55　Different forms of phosphorus transformation in ice–water medium

6.4 化学需氧量在冰–水介质中迁移规律

化学需氧量是评价水体质量的重要指标，也是自然生态部门非常关注的水体环境指标之一。为了反映水体中有机污染程度，常常将化学需氧量作为衡量的指标。水体中化学需氧量浓度越大，表明水体中可氧化有机污染物越多，水体受有机污染程度也越严重。水体内还原性物质主要包括各类有机物、亚铁盐、亚硝酸盐、硫化物等，但以有机物为主。目前，湖泊、河流、水库等水体有机污染十分严重，也十分普遍。有机污染不仅危害水生态系统，也威胁流域内人们的身体健康。因此，厘清有机污染物迁移变化规律，控制有机污染是一个亟待解决的问题。为了探讨乌梁素海冰封期化学需氧量在不同冰层和水体中垂向变化过程，根据实测数据，研究人员绘制了冰–水介质中化学需氧量迁移过程图（如图 56 所示）。从图 56 中可以看出，12 个采样点位在冰层中化学需氧量浓度有表层高、中间低、底层高的变化趋势，与不同形态氮变化趋势相似。部分采样点表层冰中化学需氧量浓度高可能与表层冰处于冻融循环过程有关。在结冰初期，乌梁素海昼夜温差大，当大气温度高于 0℃时，表层冰体开始局部融化，导致水体中有机污染物进入半融状态的冰体内；当再次结冰时，有机污染物因受到半融状态微小空隙吸附，迁移作用降低，导致表层冰中化学需氧量的浓度较大。底部冰层处于冰–水界面位置，随着水体温度变化会发生冻融循环过程，导致其中化学需氧量浓度与水体中有机污染物交互作用联系紧密，故化学需氧量的浓度较其他冰层高。而在少数采样点位（I12、N13），规律与此相反，中间冰层中化学需氧量浓度高，主要是因为采样点 I12 和 N13 周边布置人工渔网较多。在结冰过程中，人工引线穿网捕鱼形成的干扰很大，导致此处化学需氧量的浓度变化规律出现不同。可见，渔业养殖产生的有机污染不容忽视。另外，I12 和 N13 周边分布着大量芦苇，在微生物作用下，挺水植物和沉水植物在冬季腐败并分解形成腐殖质，这也有可能造成有机污染。化学需氧量浓度在不同冰层中的变化特征不同于其整

体变化规律的采样点垂向变异较大，I12、N13 和 L11 采样点变异系数分别为 0.18、0.62 和 0.67，其他多数采样点位变异系数基本在 0.2 以下。

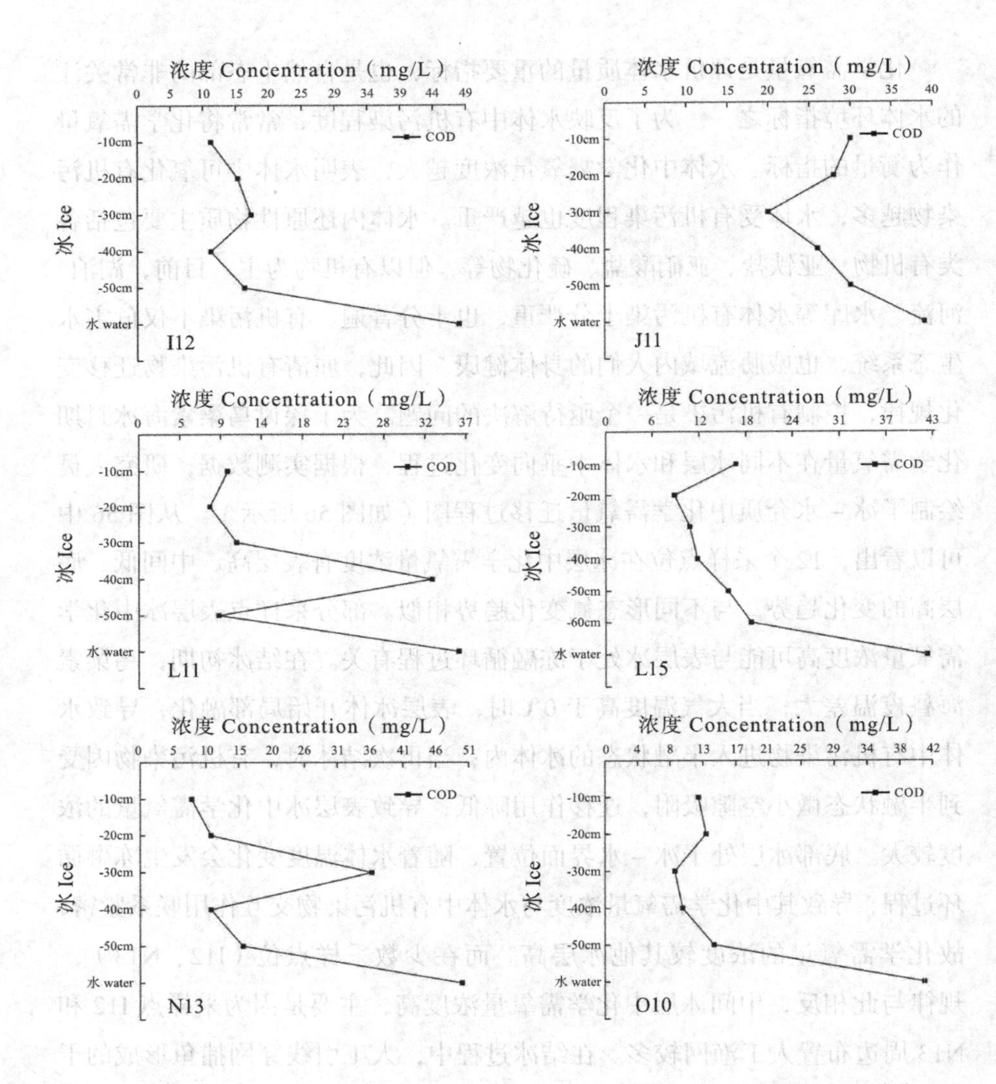

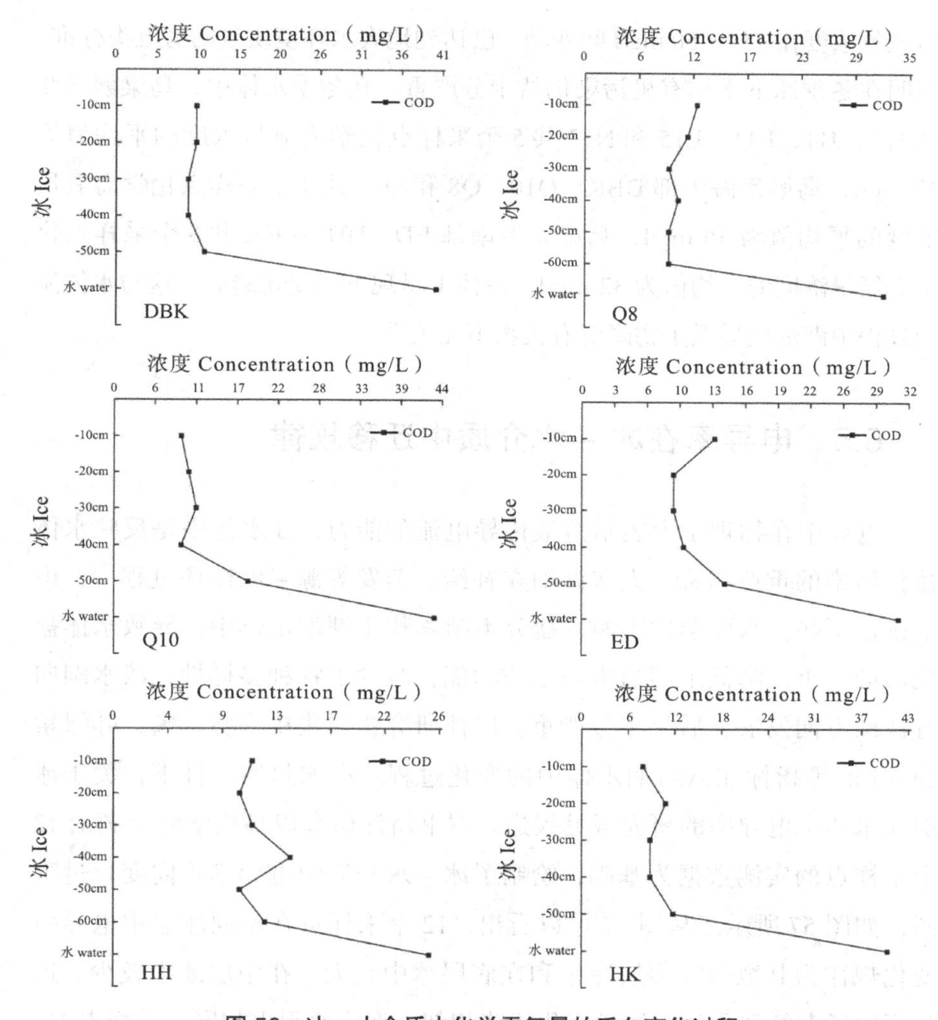

图 56 冰 – 水介质中化学需氧量的垂向变化过程

Fig.56 COD transformation in ice–water medium

从 12 个采样点在不同冰层和水体化学需氧量的垂向迁移规律可以看出，水体中化学需氧量浓度显著高于冰体，表明在水体结冰过程中化学需氧量与总磷一样会不断向外析出，反映出其从冰层向水体迁移过程。12 个采样点的不同冰层中化学需氧量的平均值在 9.80 ～ 26.80 mg/l 间变化，依据地表水环境质量标准可达到三类水质标准；12 个采样点在水体中的化学需氧量浓度在 25 ～ 50 mg/l 间变动，已达到地表水环境质量的劣五类标准，表明在冬季冰下水体有机污染仍然十分严重。在冬季水体中，乌梁素海北部 I12、J11、L11、L15 和 N13 共 5 个采样点化学需氧量浓度的平均值为 43 mg/l，乌梁素海中部 DBK、O10、Q8 和 Q10 共 4 个采样点化学需氧量浓度的平均值为 36 mg/l，乌梁素海南部 ED、HH 和 HK 共 3 个采样点化学需氧量浓度的平均值为 32 mg/l，总体上呈现下降变化趋势，这与水体流动过程中湖泊底质微生物降解有机物不无关系。

6.5 电导率在冰－水介质中迁移规律

电导率在物理学上表示溶液传导电流的能力，在水体中是反映水体盐化污染的重要指标。大多湖泊在补给、蒸发等源－汇循环过程中，由于排盐不畅，水面蒸发不断，盐分不断累积于湖泊水体中，导致水体盐化污染严重，降低了湖泊生态系统功能，减少了物种多样性，淡水湖向着盐湖方向发展，后果十分严重。以往研究主要集中在氮、磷、叶绿素和 pH 值等指标在冰封期水体中的变化过程。在冰封期条件下，关于冰层和水体中电导率的研究鲜见报道。本书所涉研究以乌梁素海全湖泊 12 个采样点的实测数据为基础，绘制了冰－水介质中电导率垂向变化过程图，如图 57 所示。从图 57 可以看出，12 个采样点在不同冰层中电导率变化规律为其数值在表层冰中和在底层冰中较大，在中层冰中较少。这与不同形态氮和化学需氧量变化规律相似，形成原因也相同。采样点 J11 在 5 层冰中电导率明显高于其他采样点。J11 点位 5 层冰样中电导率平均值为 0.62 ms/cm，除 J11 外的 11 个采样点多层冰体电导率平均值仅为 0.05 ms/cm，相差 12 倍。分析其主要原因为，采样点 J11 位于乌梁素海入水口，水动力条件强，因入水水温不断波动而使得初期结冰过程十分困难，结冰时间也晚于其他采样点。乌梁素海昼夜温差大，加之入水水温的影响，在结冰初期冻融循环过程十分明显，且时间较长。随着大气温度不断降低，表层冰体冻结后，底层冰体也不断处于冻融过程，只不过冻融效应弱于表

层冰中。在冰体融化过程中，内部将出现无数个微小孔隙，细微孔隙内充满含有各项污染物质的水体，细微孔隙具有很强的毛细作用和吸附作用，将阻碍冰体内孔隙中含有污染物质的水体流出。随着周边温度降低，融化过程中止，冻结过程开始，含有污染物质孔隙内的水体被冻结起来。因此，冰体不断处于冻融状态将使得水体排斥污染物质的效应减弱，冰体内污染物含量增多。但不同污染物质在冰体冻融循环过程中排斥能力不同。受冻融循环的影响，采样点 J11 处冰体内污染物含量与其他采样点相比，对电导率影响极显著（$P < 0.01$），对化学需氧量具有显著影响（$P < 0.05$），对不同形态磷和不同形态氮影响较小。可见，这种冻融循环过程对不同污染物质排斥和保留能力不尽相同。

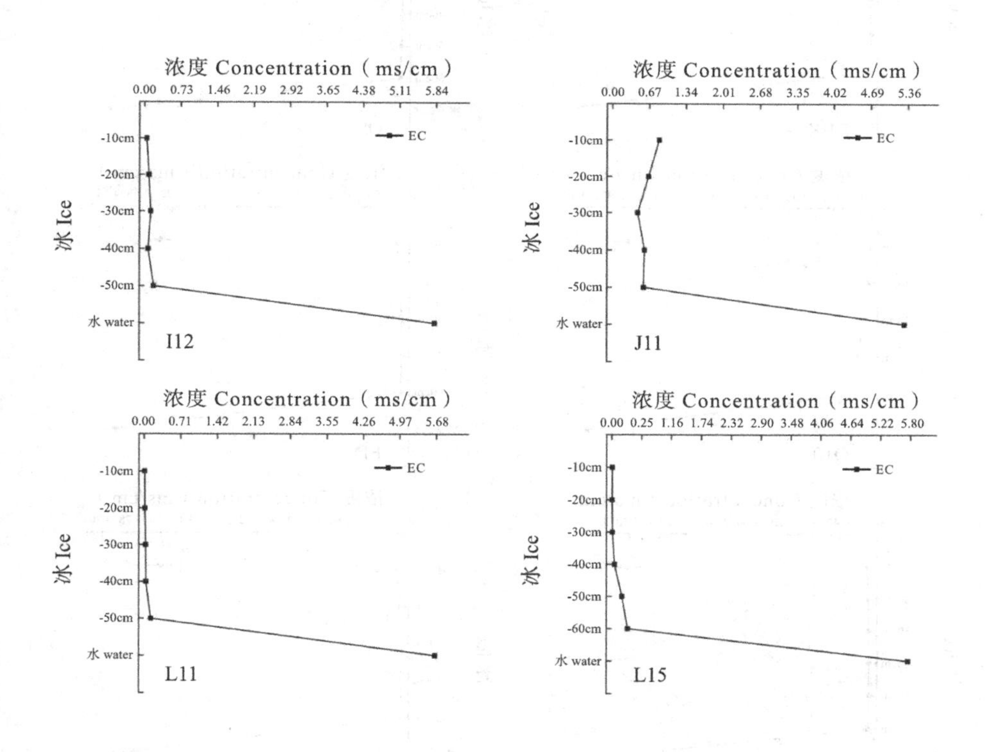

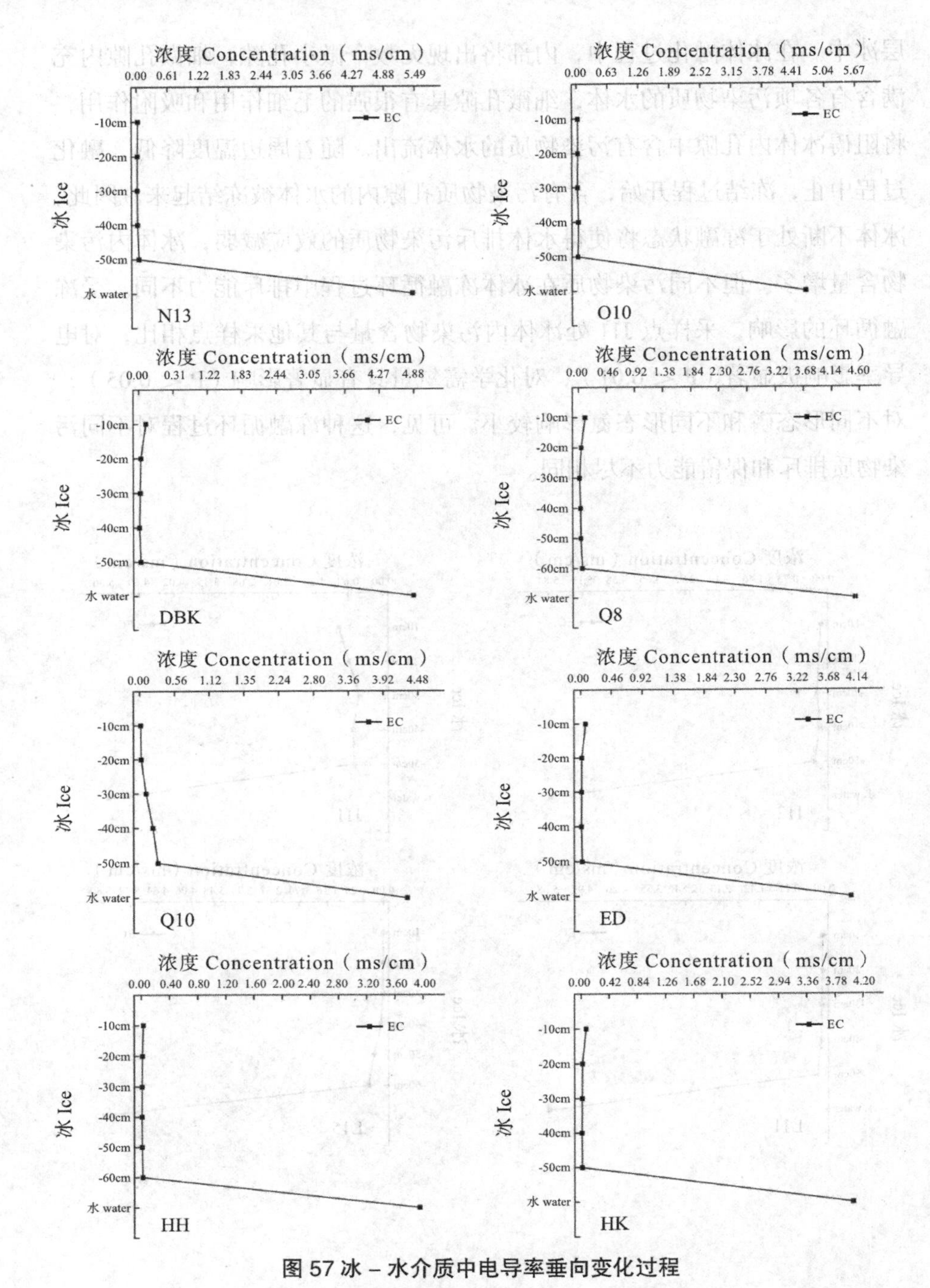

图 57 冰－水介质中电导率垂向变化过程

Fig.57 EC transformation in ice–water medium

从12个采样点不同冰层和水体中电导率垂向变化趋势可以看出，水体中不同阴阳离子的浓度显著高于其在冰体中的浓度，且与总磷、不同形态磷、化学需氧量的变化趋势基本相同，表明水体在结冰的过程中对电导率指标也具有很强的排斥效应，引起各种阴阳离子从冰层向水体迁移。从12个采样点的冰－水迁移效应可以看出，电导率数值在水体中是其在同步冰体中平均值的8～260倍。12个采样点电导率浓度在不同冰层的平均值在0.02～0.62 ms/cm间变化；电导率在水体中的数值在3.95～5.81 mg/l间波动。N13、DBK、L15、ED、Q10共5个采样点不同冰层中电导率的数值波动较大，5个采样点平均变异系数达0.87，而其他采样点不同冰层中电导率变异系数为0.56。在冬季水体中乌梁素海北部I12、J11、L11、L15和N13共5个采样点电导率平均值为5.59 ms/cm，乌梁素海中部DBK、O10、Q8和Q10共4个采样点电导率平均值为4.64 ms/cm，乌梁素海南部ED、HH和HK共3个采样点电导率平均值为4.01 ms/cm，从乌梁素海北部至南部总体上呈现下降的变化趋势，这与水体流动过程中挺水植物和沉水植物吸收营养离子不无关系。

6.6 叶绿素a在冰－水介质中迁移规律

叶绿素是高等植物进行光合作用必需的绿色色素，具有很多种。在水体中，叶绿素a浓度不仅可以反映水体中现存藻类的数量，也能反映水体的富营养水平。在水体中，叶绿素a常常被用来替代浮游植物生物量，是水质监测中十分重要的指标。叶绿素a浓度的变化受水体中温度、透明度、酸碱度、营养盐和光照等诸多环境因素影响。在光照条件下，水体中的叶绿素a能够吸收能量，将二氧化碳和水转变为碳水化合物，释放出氧气，这也是光能向化学能转变的过程。

为了探讨冬季冰封期叶绿素a在冰层中分布规律，以及与水体中叶绿素a的差异性。本书涉及的研究以乌梁素海全湖泊12个采样点的实测数据为基础，绘制了冰－水介质中叶绿素a浓度垂向变化过程图，如图58所示。

从图 58 可以看出，叶绿素 a 在水体中的浓度远大于其在冰体中的浓度。从 12 个采样点统计数据可知，水体中叶绿素 a 的浓度是其在冰体各层平均浓度的2.4～12.6倍，表明水体在结冰过程中对叶绿素a具有很强的排斥效应，在冰生长过程中引起水体中多种污染物从冰层向水体迁移。12 个采样点不同冰层叶绿素 a 的浓度平均值在 0.84 ～ 2.99 mg/m^3 间变化；在水体中叶绿素 a 浓度在 4.46 ～ 13.83 mg/l 间波动。各采样点不同冰层中叶绿素 a 浓度的变异系数在 0.15 ～ 0.50 间变化，主要与乌梁素海不同采样点的功能分区有关。冬季水体中乌梁素海北部 I12、J11、L11、L15 和 N13 共 5 个采样点叶绿素 a 的浓度的平均值为 10.42 mg/m^3，乌梁素海中部 DBK、O10、Q8 和 Q10 共 4 个采样点叶绿素 a 的浓度平均值为 7.62 mg/m^3，乌梁素海南部 ED、HH 和 HK 共 3 个采样点叶绿素 a 的浓度平均值为 9.07 mg/m^3，分布结果与电导率、化学需氧量等指标不同。叶绿素 a 分布结果与总氮和硝态氮相同（乌梁素海北部总氮和硝态氮平均浓度分别为 3.65 mg/l 和 2.28 mg/l，中部总氮和硝态氮平均浓度分别为 1.29 mg/l 和 0.41 mg/l，南部总氮和硝态氮平均浓度分别为 1.94 mg/l 和 0.45 mg/l），与总磷相反（乌梁素海北部总磷平均浓度为 0.085 mg/l，中部总磷平均浓度为 0.093 mg/l，南部总磷平均浓度为 0.063 mg/l）。分析得出，乌梁素海中部叶绿素 a 的浓度低，南北部叶绿素的浓度高的主要原因为乌梁素海中部生长着大面积的芦苇和沉水植物，非冰封期对营养盐具有一定的竞争作用，其在冰封期将受到非冰封期的影响而产生浓度缓冲效应，导致乌梁素海中部总氮含量下降；浮游植物因营养盐限制生长受到影响，导致叶绿素 a 浓度低。从图 58 中还可以发现乌梁素海不同冰层中叶绿素 a 浓度在水体中间高，在表层和底层低，这与氨态氮、硝态氮、化学需氧量等污染物质浓度呈现出表层高、中间低、底部高的趋势完全相反，主要是由于冰体在生长前期的生长速率较快，向水体中转移叶绿素 a 的量减小，叶绿素 a 未及时被排斥到水中，引起中部叶绿素 a 浓度大，这可能与叶绿素 a 的体积和叶绿素 a 从冰晶中析出的方式有关。随着冰层厚度增加，冰体成为大气与水体的阻隔物，冰体冻结受到大气温度的影响将产生延后效应，热交换通量也随之降低，冰生长速度

下降，排斥效应随之明显，导致下层冰体叶绿素 a 的浓度较低。

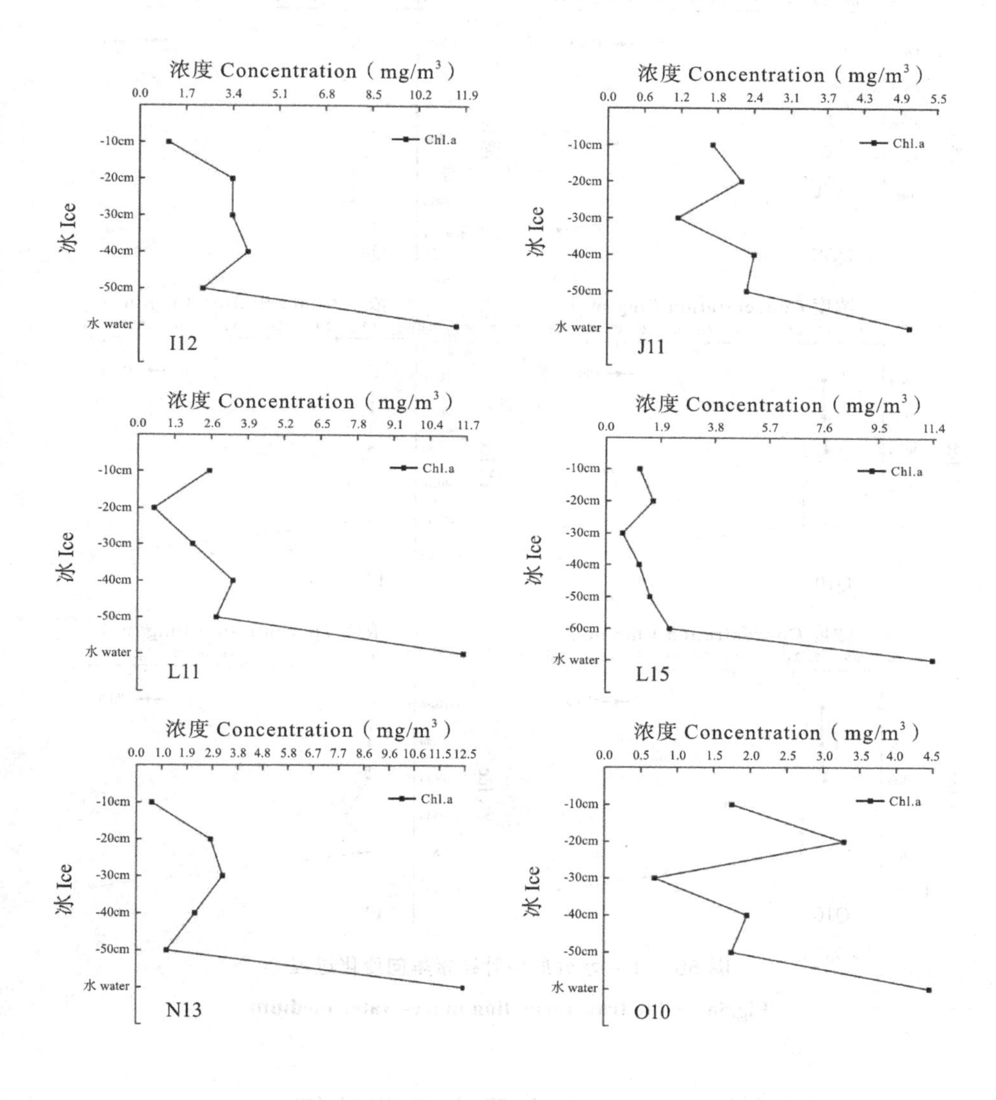

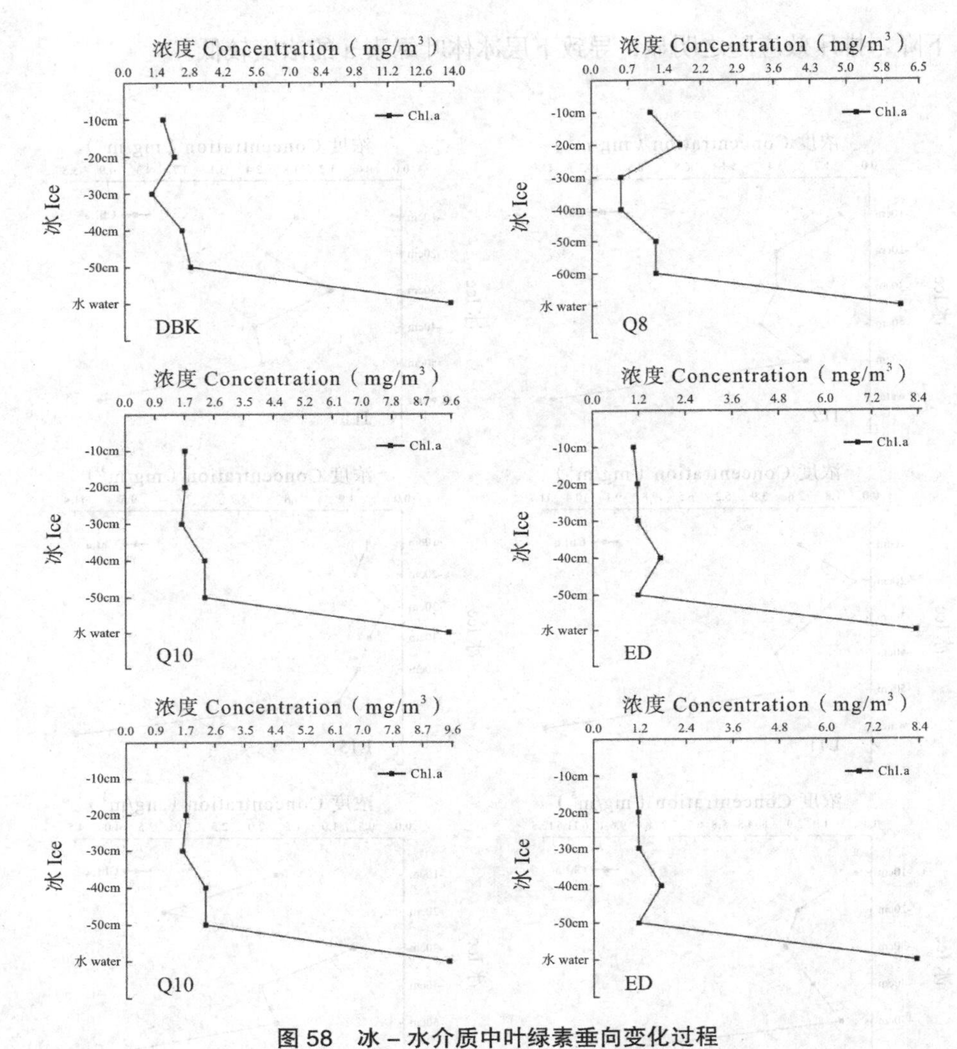

图 58 冰 – 水介质中叶绿素垂向变化过程

Fig.58 Chla transformation in ice–water medium

6.7 污染物在冰 – 水介质中迁移特征

在不同采样点，不同形态氮、不同形态磷、化学需氧量、电导率、叶绿素 a 等在不同冰层和水体中含量及分布具有很大差异。为了厘清不同物质在冰 – 水介质中的迁移特征，需要引入冰 – 水介质分配系数的概念。污

染物在冰－水介质中的迁移特征可以用冰体中污染物浓度与水体中同种污染物浓度的比值来描述，即冰－水不同介质中污染物分配系数。分配系数用K表示：

$K=C_i/C_w$

其中，C_i 为某种污染物在冰体中的浓度，C_w 为某种污染物在水体中的浓度。

本书根据冰厚度将冰层分为5层或6层，冰体中物质浓度用各层的算数平均值表示。分配系数大小可以反映不同物质在水体结冰过程中冰－水排斥效应的强弱。乌梁素海12个采样点不同污染物指标在冰－水介质中的分配情况见表9。从表9中可知，所有采样点位的不同污染物质在冰水介质中的分配系数均小于1，表明在冰封期冰体在冻结过程中会不同程度地向水体中释放污染物质，结冰过程具有很强的排斥效应。污染物质从冰中析出，进入水体中，增加了水体的污染负荷。总磷和溶解性总磷的平均分配系数最大，分别为0.537和0.536，表明冰体中该物质向水体中的排斥效应不显著；氨态氮和叶绿素a的平均分配系数分别为0.221和0.222，表明冰体中该物质向水体中的排斥效应显著（$p < 0.05$）；电导率的平均分配系数最小，仅为0.02，表明在冰体结冰过程中各种离子向水体中迁移强度很大，具有极显著的排斥效应（$P < 0.01$），最小分配系数为0.004，最大分配系数为0.117。总氮、化学需氧量和硝态氮的平均分配系数分别为0.292、0.349和0.410。在12个采样点中冰－水排斥效应差异最大的指标为电导率，变异系数为1.533；其次为氨态氮和硝态氮，变异系数分别为0.731和0.712；再次为叶绿素a、总氮和化学需氧量，变异系数分别为0.480、0.457和0.336。变异系数最小的为总磷和溶解性总磷，表明其在冰－水介质中的排斥效应受乌梁素海不同区域特征的影响最小。水体中各种离子的排斥能力受乌梁素海不同功能区的影响最大，冰－水介质中的排斥效应变化剧烈。研究人员将空间上I12、J11、L11、L15、N13采样点界定为湖区北部，将DBK、O10、Q8和Q10采样点界定为湖区中部，将ED、HH、HK采样点界定为湖区南部。湖泊中部分布着大量挺水植物和沉水植

物，总磷、溶解性总磷和化学需氧量体现出在中部分配系数小、在南北部分配系数大的特征，表明受水生植物的影响，中部水体在结冰时总磷、溶解性总磷和化学需氧量向水体中迁移的量大，排斥效应强。而总氮、硝态氮和叶绿素 a 与此规律相反，表明不同污染物质在不同环境条件下或相同污染物质在不同环境条件下的排斥效应均有不同程度的差异。从表 9 中还可以分析出，湖泊北部各污染物质在不同采样点的变异系数明显高于中部和南部，例如，总氮在湖泊北部、中部和南部分配系数的变异系数分别为 0.544、0.209 和 0.163，硝态氮在湖泊北部、中部和南部分配系数的变异系数分别为 0.973、0.543 和 0.543，化学需氧量在湖泊北部、中部和南部分配系数的变异系数分别为 0.354、0.09 和 0.242。湖泊北部为水体入流处，各采样点均受到不同程度水动力条件的约束，导致水体在结冰过程中，即使是同一污染物从冰体向水体析出的程度也有较大差异。

表 9　冰封期污染物冰 – 水介质中分配系数

Table9　Partition coefficient of pollutants in Wuliangsu Lake during ice season

采样点	TN	NH_3-N	NO_3-N	TP	DTP	COD	Chl.a	EC
I12	0.138	0.398	0.072	0.441	0.618	0.292	0.244	0.018
J11	0.079	0.119	0.074	0.721	0.510	0.687	0.393	0.117
L11	0.113	0.522	0.049	0.506	0.483	0.394	0.194	0.008
L15	0.301	0.317	0.717	0.593	0.582	0.333	0.122	0.018
N13	0.339	0.325	0.650	0.464	0.475	0.328	0.162	0.004
O10	0.445	0.419	0.259	0.484	0.523	0.283	0.423	0.006
DBK	0.563	0.217	0.199	0.623	0.533	0.245	0.147	0.009
Q8	0.333	0.078	0.804	0.319	0.442	0.313	0.181	0.011
Q10	0.363	0.099	0.723	0.605	0.541	0.265	0.207	0.030

续表

采样点	TN	NH_3-N	NO_3-N	TP	DTP	COD	Chl.a	EC
ED	0.341	0.058	0.395	0.586	0.679	0.355	0.152	0.006
HH	0.243	0.051	0.192	0.632	0.637	0.453	0.358	0.004
HK	0.249	0.046	0.793	0.464	0.407	0.245	0.079	0.006
最大值	0.563	0.522	0.804	0.721	0.679	0.687	0.423	0.117
最小值	0.079	0.046	0.049	0.319	0.407	0.245	0.079	0.004
平均值	0.292	0.221	0.410	0.537	0.536	0.349	0.222	0.020
标准差	0.133	0.161	0.292	0.105	0.078	0.118	0.107	0.030
变异系数	0.457	0.731	0.712	0.195	0.145	0.336	0.480	1.533

乌梁素海 12 个采样点不同浮游植物丰度在冰 – 水介质中的分配情况见表 10。从表 10 中可知，所有采样点的浮游植物在冰 – 水介质中的分配系数均小于 1，表明在冰体冻结过程中一部分浮游植物会留在冰体中，结冰过程对浮游植物也有很强的排斥效应。12 个采样点的浮游植物的平均分配系数为 0.085，表明冰体中浮游植物向水体中的排斥效应显著（$p < 0.05$）；但变异系数很大，为 1.204，表明不同采样点的浮游植物向水体排斥的能力不同。从表 10 中可以看出，位于乌梁素海北部的 I12、J11 和 L11 采样点的分配系数最大，分别为 0.157、0.140 和 0.379。尤其是位于乌梁素海入流口 L11 采样点在冰体结冰过程中浮游植物向水体中迁移的强度较小。采样点 L11 位于乌梁素海长济渠入湖口，水动力条件和水温不断波动导致在初期结冰过程处于冻融循环状态。冰体在融化过程中内部将出现无数微小孔隙，具有极强的毛细作用和吸附作用，将阻碍冰体内孔隙中浮游植物向水体流出，当环境温度持续降低时，融化止，冻结始，含有浮游植物的孔隙内水体处于冻结过程。因此，留入冰体内浮游植物含量增多，表明浮游植物在冰 – 水介质中的排斥效应与乌梁素海不同区域特征密切相关。

表 10 冰封期浮游植物冰 – 水介质中分配系数

Table10 Partition coefficient of phytoplankton in Wuliangsu Lake during ice season

采样点	分配系数	采样点	分配系数
I12	0.157	ED	0.018
J11	0.140	HH	0.003
L11	0.379	HK	0.011
L15	0.007	最大值	0.379
N13	0.030	最小值	0.003
O10	0.085	平均值	0.085
DBK	0.066	标准差	0.103
Q8	0.116	变异系数	1.204
Q10	0.013		

乌梁素海的浮游植物从北部、中部和南部的空间变化可以看出，平均分配系数不断减少，分别为 0.143、0.07 和 0.011，表明浮游植物在水动力条件差异、植物化感作用强弱和不同功能区生境下的冰体结冰过程中排斥效应将发生较大变化。从表 10 中还可看出，湖泊北部浮游植物在不同采样点分配系数的变异系数明显高于中部和南部，分别为 0.927、0.537 和 0.542。湖泊北部为水体入流处，因水体扰动程度较大引起浮游植物在结冰过程向水体中析出的程度也有较大差异。

6.8 结果与讨论

6.8.1 冰封期浮游植物及各环境因子在冰 – 水介质中的迁移规律

有研究认为浮游植物为浮游在水体中的藻类。在水体结冰过程中，浮游植物因具有一定的浮游能力，很难出现在冰体内。本书涉及研究发现了冰层中不仅存在浮游植物，而且浮游植物还具有相当的丰度。本章分析结果表明浮游植物和不同形态氮、不同形态磷、叶绿素 a 和化学需氧量等指标在冰层中的浓度显著低于其在冰下水体中的浓度，电导率大小也表现为相同的变化规律，表明冰体在生长过程中对不同物质均具有排斥效应。污染物质从冰中析出，进入水体中，增加了水体污染负荷，当水体中污染物质浓度升高后，将打破原有水–泥间浓度差。在浓度差重新分配后，水体中污染物将沉积在底泥中，实际上增加了内源污染源。因此，在冬季，水体结冰不仅加重了水体富营养化程度，也增加了内源污染源。进入非冰封期后，在适当的条件下，底泥中的污染物重新被释放到水体中，再次加剧了水体富营养化程度。因此，在冬季治理水体污染能够做到事半功倍的效果。

浮游植物的丰度、氨态氮、硝态氮、化学需氧量和电导率等指标的浓度和大小在各采样点的不同冰层中呈现出表层高，中层低，底部高的变化规律。这一规律主要与表层和底层中的冰经历了冻融循环过程有关。在水体结冰初期，昼夜温差大可引起水体在夜间冻结，在白天融化。底层冰因水体温度波动会出现冻融不断交替的现象。冰体在融化过程中内部将出现无数微小孔隙，孔隙内充塞着含有浮游植物和污染物的水体，孔隙具有很大的比表面积。由于毛细作用将阻碍冰体内孔隙中含有浮游植物和污染物的水体流出，周边温度降低后冻结过程开始，浮游植物将被冻结在冰晶内。冰层底部与水体接触，受冰下水体流速、水温和气温、光照能量传递差等因素的影响，也存在冻融循环过程。冰体快速生长期是冰体中间层形成的阶段，在该阶段环境温度下降速度快，冰体迅速形成，基本未发生冻融过程。因此，表层冰和底层冰中浮游植物丰度和污染物浓度较中间层冰体中高。

浮游植物和不同污染物质在水体结冰过程中浓缩比例不同。本研究结果表明，不同形态氮的浓缩倍数约为 3.5 倍，不同形态磷的浓缩倍数为 1.9 倍，化学需氧量浓缩倍数为 2.9 倍，叶绿素浓缩倍数为 4.5 倍，浮游植物浓缩倍数为 12 倍，电导率浓缩倍数最大，高达 50 倍。该数值表明，在水体结冰过程从冰体中析出的盐分的比例极高。研究人员在研究中还发现，水体扰动将大大增加表层冰体中电导率的数值，入湖处J11点表层冰中电导率数值是其他采样点平均值的12倍。可见，通过冷冻浓缩能在极大程度上浓缩水体污染物和浮游植物的浓度，且在水体结冰过程在尽量避免水体受到干扰，以免降低浓缩比例。

6.8.2 冰封期湖泊水体治理思路

根据水体在结冰过程可将污染物从冰体内析出的特性，考虑在冬季结冰期，对冰下水体进行循环处理，处理工艺可根据冰下水体负荷进行设计。在处理过程中，以出水口为处理终端，处理后水体通过多级泵站扬水至入湖口，形成闭合循环处理过程。在处理过程中，由于冰下水体流出，冰体将缺少支撑而塌陷下来，发生不同程度地破碎，使得水体通过缝隙再次结冻浓缩，进一步增加了污染物浓缩比例。但该工程一次性投资较大，规模化推广应用仍然需要进行可行性论证。实际上，冷冻浓缩技术处理废水的研究较多[151,152]，利用冰封期长的特点，通过水体在自然气候下多次冷冻浓缩，进而达到移除污染物的目的，理论上可行，适合小规模的应用。对于湖泊、水库等大型水体的应用无论在投资方面还是技术体系方面仍然任重而道远。

7 成果与展望

7.1 成果

旱区湖泊冰封期生态环境具有有别于其他湖泊的特征，表现出不同的化学行为和生态效应。本书涉及研究以内蒙古乌梁素海为研究对象，在野外试验与室内实验相结合的基础上，采取理论分析与实践相结合的方式，明确了冰封期和非冰封期浮游植物群落结构特征的变化规律，摸清了冰封期浮游植物和污染物在不同冰层、冰－水界面和水层中时空分布的异质性，揭示了浮游植物和环境指标响应关系，探讨了冰封期浮游植物优势种对翌年水华的“贡献率”，得出如下结论：

（1）乌梁素海湖泊中部和西北部冰厚较厚，南部和东北部冰薄；湖泊南部和北部水深较深，中部水深较浅，冰厚和水深的变化规律表现为相反的动态特征，冰厚与水深呈现极显著相关关系。

（2）冰封期水体内水深与氧化还原电位、水深与溶解氧、水温与溶解氧、电导率与盐度、总溶解性间均存在极显著相关性。

（3）冰下水体 10 个水质因子可用 4 个主成分进行表示，第一主成分综合了溶解氧、氧化还原电位、水深 3 个因子变异信息，第二主成分综合了电导率、盐度、总溶解性固体 3 个因子变异信息，第三主成分综合了水温、pH 值、冰厚 3 个因子变异信息，第四主成分综合了泥深 1 个因子变异信息。

（4）冰下水体各水质因子的空间分布表明溶解氧和氧化还原电位具有极显著相关特征，具有中部低、南部和北部高的空间变化趋势；水温呈现中部温度低、南部和西北部温度高的现象；南部明水区泥深较深，中东部泥深较浅，中西部泥深加深；电导率、盐度和总溶解性固体总量 3 个环境指标呈现出北部和东部高，西部和南部低特征。

（5）通过 3 年各月 12 个采样点的浮游植物的定性分析和定量计算，共鉴定出乌梁素海浮游植物隶属于 7 门 93 属 329 种，其中绿藻门 41 属 118 种，占总种数的 35.87 %；硅藻门 29 属 115 种，占总种数的 34.95 %；蓝藻门 15 属 61 种，占总种数的 18.54 %；裸藻门 4 属 27 种，占总种数的 8.21 %；甲藻门 2 属 5 种，占总种数的 1.52 %；隐藻门 1 属 2 种，占总种数的 0.61 %；金藻门 1 属 1 种，占总种数的 0.30 %。可见乌梁素海浮游植物硅藻门、绿藻门和蓝藻门占整体浮游植物物种组成的 89.36 %，占有绝对优势。

（6）乌梁素海 3 年间冰封期与非冰封期的浮游植物的多样性变化过程表明每年夏季、秋季丰富度指数高于春季、冬季，冬季丰富度指数最低。从采样点空间分布可以看出，乌梁素海中南部丰富度指数较高。3 年间四季浮游植物多样性指数表明 2016 年夏秋季高、春冬季低，2017 年春夏季高、秋冬季低，2018 年夏季高，其他季节基本相同，表明春季、夏季、秋季乌梁素海群落种类多样性高，冬季多样性低；各时期浮游植物的均匀度指数波动很小，基本处于稳定变化过程。

（7）乌梁素海 2016 年和 2017 年冰封期水体呈现出硅－蓝－绿型，2018 年冰封期浮游植物群落结构呈现蓝－绿－硅型；在冰封期水体中甲藻门丰度显著高于非冰封期水体；裸藻门种类在全年各月均有出现。3 年各月均发现冰封期裸藻丰度较大，4 月裸藻丰度突然增加，随后各月裸藻丰度不断缓慢降低到冰封期丰度以下。3 年内冰封期采样点中未发现隐藻门种类存在。非冰封期随着 3 年年际变化，隐藻门在 12 个采样点中出现的概率不断降低；金藻门种类在 3 年各月 12 个采样点中仅出现在水质条件良好的 2018 年。

（8）浮游植物及优势种的丰度的年、季、月变化过程表明在冬季浮游植物基本处于休眠状态，4 月丰度上升，2018 年、2017 年和 2016 年分别在 5 月、6 月、7 月丰度下降，而后在 7 月、8 月月丰度上升，在 10 月、11 月丰度下降。浮游植物及优势种种数变化表明 6 月浮游植物及优势种种数较少，种数从4月、5月开始增加，在7月、8月再次升高，进入10月和11月开始下降。

（9）在春季，叶绿素a浓度在各年中均处于较高值，在夏季开始下降，在秋季处于较低值。3年间在春季和夏季总氮浓度相对较低，在秋季和冬季总氮浓度较高；在冬季总磷浓度均高于春、夏、秋三季，在春季总磷浓度高于夏、秋季。1月化学需氧量浓度升高仍然是冰体排斥效应和水体浓缩效应导致的。4月因冰体基本融化，水量增加，稀释作用导致化学需氧量处于较低水平。5月因湖泊水体中有机物含量较多引起化学需氧量增加。随着温度升高，6月微生物降解后化学需氧量开始降低。7月、8月、9月波动很小，化学需氧量处于较低水平。10月、11月开始秋浇，稀释效应导致化学需氧量浓度下降。3年电导率变化在冬季依然最高，4月降低，5月升高，6月、7月、8月和9月呈现缓慢下降的变化趋势，10月和11月降低。

（10）乌梁素海从北向南的空间采样点的浮游植物及优势种的丰度斜率呈现2017年＞2016年＞2018年的变化趋势；乌梁素海浮游植物种数空间变化小；2016年和2017年叶绿素a浓度从北向南呈现出递减变化趋势；乌梁素海总氮、总磷的空间变化特征与叶绿素a相似；化学需氧量浓度和电导率大小3年空间分布特征表现为从北向南均逐渐升高变化特征。

（11）在不同采样时间，双头辐节藻、埃尔多甲藻、螺旋藻、微小隐球藻、单生卵囊藻、水溪绿球藻、梅尼小环藻等藻类对不同形态氮盐的依赖性更为密切。夏季出现微小隐球藻、华美十字藻、银灰平裂藻、束缚色球藻、点形平裂藻等藻种适应温度变化的能力较强。春季时期，磷盐是美丽星杆藻、不整齐蓝纤维藻、空球藻、链丝藻、沼泽颤藻、针形纤维藻、湖沼色球藻等藻种生长的主要限制因子。四尾栅藻、双对栅藻、优美平裂藻等藻种不仅对有机污染较高的5月水体适应能力较强，也具有很好的耐盐性。

（12）从不同采样点各时间的优势种与环境因子的典范对应分析结果可知，在水质较好条件下，尖针杆藻和微囊藻受有机污染和盐化污染影响显著。在乌梁素海水动力条件较强的中北部，篦形短缝藻、实球藻、蛋白核小球藻、空球藻受不同形态氮浓度影响显著；梅尼小环藻、谷皮菱形藻、沼泽颤藻等在乌梁素海水生植物分布密集的中部与不同形态磷浓度关系密切。

（13）冰封期与非冰封期生态环境的变化引起了浮游植物群落结构的差异。冰封期对非冰封期贡献率大的藻种具有绝对的优势成为主导浮游植物群落的种类，贡献率达到100％的藻种主要有短小舟形藻、双头舟形藻、放射舟形藻、双头辐节藻、双对栅藻、四尾栅藻、链丝藻、不整齐蓝纤维藻、微小平裂藻、微囊藻、细小隐球藻和尾裸藻。

（14）浮游植物的数量、电导率大小，以及不同形态氮、不同形态磷、叶绿素a、化学需氧量等的浓度显著低于冰下水体，表明冰体在生长过程中对不同物质均具有排斥效应，污染物质从冰中析出并进入水体中，增加了水体污染负荷。

（15）浮游植物丰度、氨态氮、硝态氮、化学需氧量和电导率等指标在各采样点不同冰层中呈现出表层高、中层低、底部高总体变化规律；不同冰层中的硝态氮浓度整体大于氨态氮，表明冰体在生长过程中水体中氨态氮处于较低浓度。

（16）在水体扰动条件下，总磷从沉积物中释放，但不一定释放溶解性总磷。

（17）水体扰动将大大增加表层冰体中电导率数值，入湖口处J11点表层冰中电导率数值是其他采样点平均值的12倍。

（18）在冬季乌梁素海叶绿素a的浓度在冰下水体中呈现中部低、南北高的趋势，这主要与乌梁素海中部生长着大面积的水生植物，在非冰封期对营养盐具有一定竞争作用有关。

（19）冰－水不同介质中，总磷、溶解性总磷和化学需氧量体现出在中部分配系数小，在南部和北部分配系数大的特征；乌梁素海浮游植物从北部、中部至南部平均分配系数不断减少，乌梁素海北部不同采样点浮游植物分配系数变异程度明显高于中部和南部。

7.2 展望

本书涉及研究在连续同步监测水体浮游植物和环境因子的基础上，对照分析了冰封期和非冰封期浮游植物植物群落结构特征与环境因子的响应关系。目前研究方法、研究内容和研究结果仍然存在一些不足之处。因此，对内蒙古乌梁素海冰封期和非冰封期浮游植物群落结构特征和生态效应的研究，仍需做好进一步研究工作。未来相关研究的主要研究和思考的方向表现以下几个方面：

7.2.1 思考浮游植物群落结构与环境因子响应关系的研究方法

通常研究者会采用现场调查和测试的研究方法。该方法直接接触湖泊水体及周边实际情况，但对湖泊生态系统发生不固定大量补水、改变水道等突发工况难以应对。突发事件对湖泊水体的生态行为和地球化学等特征参数具有重要影响，使得原本复杂的浮游植物和生境环境关系更加难以被分析。另外，实验室培养浮游植物可有效控制环境因子变化，深刻揭示与浮游植物群落特征与环境因子响应关系，但结果往往与复杂多变的实际湖泊环境具有较大差异。未来相关研究应考虑湖泊现场培养模拟实验，不仅能够反映真实湖泊环境情况，也能控制外界环境突发事件。选择好实验研究方法将有助于揭示浮游植物群落结构对湖泊生态系统环境效应的影响。

7.2.2 考虑水与沉积物交换通量

影响浮游植物群落结构特征的因素众多，主要包括温度、光照、降雨、营养盐浓度和比例、水动力特征、水生植物分布特征以及各类环境因子等。沉积物作为水体内源污染源，蕴藏着巨大的污染物，在不同物理、化学和生物环境发生改变时，将处于不断释放和沉积的循环过程。沉积物向水体释放营养盐将直接改变水体水质，进而影响浮游植物群落结构特征。因此，今后相关研究工作应该加入不同时期的不同采样点的不同层沉积物营养盐

测试，以及沉积物与水交界处间隙水水质的测试工作，使得研究工作向着更加精细和精准的方向发展。

7.2.3 增加浮游植物群落结构系统性观测工作

浮游植物群落结构受到各类直接或间接外界环境因素的影响，影响因素极为复杂且多变。浮游植物取样及取样频次选择非常重要。研究工作应及时鉴定、整理并分析监测数据。当发现浮游植物群落结构发生重要变化，也就是出现时空异质性突增的现象时，应进行加密监测，这样有利于发现浮游植物群落结构特征的变化机理。

参考文献

[1]Bianchi,T.S., Engelhuapt,E., Westman,P., Andren,T., Rolff,C. and Elmgren, R. Cyanobacterial blooms in the Baltic Sea: Nattlral or human-induced? Limnol. Ocenogr., 2000,45: 716-726.

[2]王苏民，窦鸿身．中国湖泊志 [M]. 北京：科学出版社，1998:1.

[3]Seung Ho Baek,Dongseon Kim, Young Ok Kim.Seasonal changes in abiotic environmental conditions in the Busan coastal region (South Korea) due to the Nakdong River in 2013 and effect of these changes on phytoplankton communities[J].Continental Shelf Research,2019,175 :116-126.

[4]任辉，田恬，杨宇峰，等．珠江口南沙河涌浮游植物群落结构时空变化及其与环境因子的关系 [J]. 生态学报，2017,37 (22)：7729-7740.

[5]闫苏苏，雷波，刘朔孺，等．长寿湖浮游植物功能群季节变化及影响因子 [J]. 水生态学杂志，2018,39 (3)：52-60.

[6]安睿，王凤友，于洪贤，等．小兴凯湖浮游植物功能群特征及其影响因子 [J]. 环境科学研究，2016,29 (7)：985-994.

[7]陈楠，王莹，杨天雄，等．泰湖夏季浮游植物功能群特征及水质状况 [J]. 东北林业大学学报，2018,46 (3)：69-73.

[8]夏莹霏，胡晓东，徐季雄，等．太湖浮游植物功能群季节演替特征及水质评价 [J]. 湖泊科学，2019,31 (1)：134-146.

[9]安瑞志，潘成梅，塔巴拉珍，等．西藏巴松错浮游植物功能群垂直分布特征及其与环境因子的关系 [J]. 湖泊科学，2021,33 (1)：86-101.

[10]韩丽彬，王星，李秋华，等.贵州高原百花水库浮游植物功能群的动态变化及驱动因子 [J]. 湖泊科学 ,2022,34 (4). DOI:10.18307/2022.0405.

[11]ZhaoshiWu, Ming Kong, YongjiuCai ,et al.Index of biotic integrity based on phytoplankton and water quality index: Do they have a similar pattern on water quality assessment? A study of rivers in Lake Taihu Basin, China[J]. Science of the Total Environment, 2019, 658:395-404.

[12]JingHan Wang, Cheng Yang, Lv Qi Shu He ,et al.Meteorological factors and water quality changes of Plateau Lake Dianchi in China (1990–2015) and their joint influences on cyanobacterial blooms[J].Science of the Total Environment, 2019,665:406-418.

[13]Bohnenberger Juliana Elisa, Schneck Fabiana,Crossetti Luciane liveira,et al.Taxonomic and functional nestedness patterns of phytoplankton communities among coastal shallow lakes in southern Brazil[J].Journal of plankton research,2018,40:555-567.

[14]DembowskaEwa A., Kubiak-WojcickaKatarzyna.Influence of water level fluctuations on phytoplankton communities in an oxbow lake[J]. Fundamental and applied limnology,2017,190(3):221-233.

[15]Majewska Roksana, Adam Aimimuliani, Mohammad-Noor Normawaty,et al.Spatio-temporal variation in phytoplankton communities along a salinity and pH gradient in a tropical estuary (Brunei, Borneo, South East Asia) [J]. Tropical ecology,2017,58(2):251-269.

[16]Gomes Helga do Rosario,XuQian,IshizakaJoji,et al.The Influence of Riverine Nutrients in Niche Partitioning of Phytoplankton Communities-A Contrast Between the Amazon River Plume and the Changjiang (Yangtze) River Diluted Water of the East China Sea[J]. Frontiers in marine science ,2018,5:1-14.

[17]Rao Ke; Zhang Xiang; Yi Xiang-Jun ,et al. Interactive effects of

environmental factors on phytoplankton communities and benthic nutrient interactions in a shallow lake and adjoining rivers in China[J]. Science of the total environment,2018,619:1661-1672.

[18]Sagaya John Paul Joseph, Priya Darshini Gunasekaran, Nagaraj Subramani. Influence of environmental parameters on the community structure of phytoplankton from river confluence of Cuddalore, Tamil Nadu, India[J]. Environmental dvances,2022,7:100170-100181.

[19]Tao Jiang, Guannan Wu, PengliNiu,et al.Short-term changes in algal blooms and phytoplankton community after the passage of Super Typhoon Lekima in a temperate and inner sea (Bohai Sea) in China[J].Ecotoxicology and Environmental Safety,2022,232:113223-113235.

[20]Tharindu Bandara, Sonia Brugel, AgnetaAndersson,et al.Dataset on seston and zooplankton fatty-acid compositions, zooplankton and phytoplankton biomass, and environmental conditions of coastal and offshore waters of the northern Baltic Sea[J].Data in Brief,2022,42:108158-108165.

[21]Siti Mariam Muhammad Nor, Maisarah Jaafar, Nik Mohd Shibli Nik Jaafar,et al.Dataset of physico-chemical water parameters, phytoplankton, flora and fauna in mangrove ecosystem at Sungai Kertih, Terengganu, Malaysia[J].Data inBrief,2022,42:108096-108106.

[22]Yuan Grund, Yangdong Pan, Mark Rosenkranz,et al. Long-term phosphorus reduction and phytoplankton responses in an urban lake (USA) [J].Water Biology and Security,2022,1:100010-100019.

[23]Livingstone D M.Break-up dates of alpine lakes as proxy data for local and regional mean surface air temperatures[J].Climatic Change,1997,37:407-439.

[24]ShirasawaK,LepprantaM,SalorantaT,etal.The thickness of coastal fast ice in the Sea of Okhotsk[J].Cold Regions Science and Technology,2005,42(1):25-40.

[25]RasimLatifovic, Darren Pouliot.Analysis of climate change impacts on lake ice phenology in Canada using the historical satellite data record[J].Remote Sensing of Environment, 2007,106(4):492-507.

[26]Vimal Mishra, Keith A. Cherkauer, Laura C. Bowling, Matthew Huber. Lake Ice phenology of small lakes: Impacts of climate variability in the Great Lakes region [J].Global and Planetary Change, 2011,76(3–4):166-185.

[27]Arp Christopher D,Jones Benjamin M, EngramMelanie,et al.Contrasting lake ice responses to winter climate indicate future variability and trends on the Alaskan Arctic Coastal Plain[J] .Environmental research letters, 2018,13(12):1-11.

[28]Qi Miaomiao, Yao Xiaojun, Li Xiaofeng,etal.Spatiotemporal characteristics of Qinghai Lake ice phenology between 2000 and 2016[J] .Journal of Geographical Sciences, 2019,29(1):115-130.

[29]Pu Zhang,Chenyang Cao,XiangzhongLi,et al. Effects of Ice Freeze-Thaw Processes on U Isotope Compositions in Saline Lakes and Their Potential Environmental Implications [J] .Frontiersin Earth Science,2021,9:779954-779966.

[30]FeiXie,Peng Lu, ZhijunLi,et al. A floating remote observation system (FROS) for full seasonal lake ice evolution studies [J]. Cold Regions Science and Te chnology,2022,199:103557-103568.

[31]王朋岭，贾玉连，朱诚，等．青藏高原末次冰消期气候演化特点及其与格陵兰、欧洲的异同 [J]. 冰川冻土 ,2004,26(1):33-41.

[32]王欣，刘时银，莫宏伟，等．我国喜马拉雅山区冰湖扩张特征及其气候意义 [J]. 地理学报 ,2011,66(7):895-904.

[33]刘煜，刘钦政，隋俊鹏，等．渤、黄海冬季海冰对大气环流及气候变化的响应 [J]. 海洋学报 ,2013,35(3):18-27.

[34]吴艳红，郭立男，范兰馨，等．青藏高原纳木错湖冰物候变化遥感监测

与模拟 [J]. 遥感学报 ,2022,26(1):193-200.

[35]Stefan, J.Über die Theorie der Eisbildung,isbesondere Über die Eisbildung im Polarmeere[J].Annales de Physique,1891,42:269-286.

[36]UntersteinerN.On the mass and heat budget of Arctic sea ice,ArchivfÜrMeteorologie[J].Geophysik and Bioklimatologie,Series A,1961,12:151-182.

[37]Ono N.Thermal properties of sea ice:IV,Thermal constants of sea ice[J].Low TemPerature Science Series A,1968,26:329-349.

[38]Yen Y C.Review of thermal properties of snow,ice and sea ice[R].Cold Regions Research and Engineering Laboratory RePort 81-10,Hanover,New HamPshire,1981:1-27.

[39]Leppäranta M.A growth model for black ice,snow ice and snow thickness in subarcticbasins[J].Nordic Hydrology,1983:59-70.

[40]SalorantaT.Modelling the evolution of snow,snow ice and ice in the Baltic Sea.Tellus,2000,52A:93-108.

[41]Cheng B.On the numerical resolution in a thermodynamic sea icemodel[J]. Journal of Glaciology,2002,48(161):301-311.

[42]Cheng B,ZhangZ,VihmaT,etal.Model experiments on Snow and ice thermodynamics in the Arctic Ocean with CHINARE 2003 data[J]. Journal of Geophysical Research,2008,113(C09020),doi: 10.1029/2007JC004654.

[43]Carlos P.Herrero,RafaelRamírez.ConFigurational entropy of ice from thermodynamic integration[J]. Chemical Physics Letters, 2013, 568–569:70-74.

[44]Massonnet Francois, Vancoppenolle Martin, GoosseHugues,et al. Arctic sea-ice change tied to its mean state through thermodynamic processes[J]. Nature climate change, 2018,8(7):599-603.

[45]曾平 , 段杰辉 , 黄柱崇 , 等 . 二维流冰消融数学模型 [J]. 水利学报 ,1997,(5):

15-22.

[46]肖建民，金龙海，谢永刚，等．寒区水库冰盖形成与消融机理分析[J]. 水利学报，2004,(6): 80-85.

[47]雷瑞波，李志军，张占海，等．东南极中山站附近湖冰与固定冰热力学过程比较[J]. 极地研究，2011,23(4):289-298.

[48]王星东，熊章强，李新武，等．基于改进的小波变换的南极冰盖冻融探测[J]. 电子学报，2013,41(2): 402-406.

[49]王庆凯，方贺，李志军，等．湖冰侧、底部融化现场观测与热力学分析[J]. 水利学报，2018,49(10): 1207-1215.

[50]Bryan M L, Larson R W. The study of fresh-water lake ice using multiplexed imaging radar[J]. Journal of Glaciology,1975, 14(72): 445-457.

[51]Reid T, Crout N. A thermodynamic model of freshwater Antarctic lake ice[J]. Ecological modeling, 2008, 210 (3):231-241.

[52]Howell S E L, Brown L C, Kang K K, et al. Variability in ice phenology on Great Bear Lake and Great Slave Lake,Northwest Territories, Canada, from SeaWinds/QuickSCAT: 2000-2006[J]. Remote Sensing of Environment,2009, 113(4): 816-834.

[53]Andrew Finlayson, Derek Fabel, Tom Bradwell, David Sugden.Growth and decay of a marine terminating sector of the last British–Irish Ice Sheet: a geomorphological reconstruction[J].Quaternary Science Reviews, 2014,83:28-45.

[54]Ingo Sasgen,Hannes Konrad,VeitHelm,et al.High-Resolution Mass Trends of the Antarctic Ice Sheet through a Spectral Combination of Satellite Gravimetry and Radar Altimetry Observations[J].Remote sensing,2019,11(2):1-23.

[55]DurellS.Desmond, OdileCrabeck, MarcosLemes,et al.Investigation into the geometry and distribution of oil inclusions in sea ice using non-

destructive X-ray microtomography and its implications for remote sensing and mitigation potential [J]. Marine Pollution Bulletin, 2021, 173:112996-113008.

[56]FuLiao, GuangcaiWang,NuanYang,et al.Groundwater discharge tracing for a large Ice-Covered lake in the Tibetan Plateau: Integrated satellite remote sensing data, chemical components and isotopes (D, ^{18}O, and ^{222}Rn) [J]. Journal of Hydrology,2022,609:127741-127754.

[57]鄢俊洁 , 刘良明 , 马浩录 , 等 . MODIS 数据在黄河凌汛监测中的应用 [J]. 武汉大学学报 : 信息科学版 , 2004, 29(8):679-681.

[58]李宝辉 , 侯一筠 , 孙从容 , 等 .”北京一号”小卫星图像在渤海海冰监测中的应用 [J]. 海洋学报 ,2013,35(4):201-207.

[59]Angelika H.H. Renner, Marie Dumont, Justin Beckers, Sebastian Gerland, Christian Haas. Improved characterisation of sea ice using simultaneous aerial photography and sea ice thickness measurements.Cold Regions Science and Technology, 2013,92:37-47.

[60]邱玉宝 , 王星星 , 阮永俭 , 等 . 基于星载被动微波遥感的青藏高原湖冰物候监测方法 [J]. 湖泊科学 , 2018, 30(5): 1438-1449.

[61]柯长青 , 蔡宇 , 肖瑶 .1979 年—2019 年兴凯湖湖冰物候变化的被动微波遥感监测 [J]. 遥感学报 , 2022, 26(1): 201-210.

[62]许大志 , 曹文熙 , 孙兆华 . 辽东湾海冰光衰减特性 [J]. 海洋通报 ,2007,26(1):12-19.

[63]赵进平 , 李涛 , 张树刚 , 等 . 北冰洋中央密集冰区海冰对太阳短波辐射能吸收的观测研究 [J]. 地球科学进展 ,2009,24(1):33-41.

[64]刘成玉 , 顾卫 , 李澜涛 , 等 . 表面粗糙对渤海海冰热红外辐射方向特征的影响研究 [J]. 海洋预报 ,2013,30(4):1-11.

[65]李明广 . 夏季南极普里兹湾海冰及其光学特征观测研究 [D]. 大连 : 大连理工大学 , 2015:8-22.

[66]Tim Reid, NeilCrout.A thermodynamic model of freshwater Antarctic lakeice. Ecological Modelling[J].2008,210(3):231-241.

[67]G.W. Berger, P.T. Doran, K.J. Thomsen. Single-grain and multigrain luminescence dating of on-ice and lake-bottom deposits at Lake Hoare, Taylor Valley[J].Antarctica. Quaternary Geochronology, 2010,5(6): 679-690.

[68]D.E. Sugden, C.J. Fogwill, A.S. Hein, F.M. Stuart, A.R. Kerr, P.W. Kubik. Emergence of the Shackleton Range from beneath the Antarctic Ice Sheet due to glacial erosion[J] .Geomorphology, 2014, 208:190-199.

[69]Victoria L.Ford,OliverW.Frauenfeld.Arctic precipitation recycling and hydrologic budget changes in response to sea ice loss [J] .Global and Planetary Change, 2022, 209:103752-103761.

[70]Lim Young-Kwon, Cullather Richard I., Nowicki Sophie M. J. et al. Inter-relationship between subtropical Pacific sea surface temperature, Arctic sea ice concentration, and North Atlantic Oscillation in recent summers[J]. Scientific reports, 2019, 9:1-11.

[71]陈兴群，迪克曼．南极威德尔海陆缘固冰区叶绿素 a 及硅藻的分布 [J]. 海洋学报 .1989,11(4):501-509.

[72]何剑锋，陈波．南极中山站近岸海冰生态学研究Ⅱ.1992 年冰下水柱浮游植物生物量的季节变化及其与环境因子的关系 [J]. 南极研究（中文版）.1996,8(2):501-509.

[73]庄燕培，金海燕，陈建芳，等．北冰洋中心区表层海水营养盐及浮游植物群落对快速融冰的响应 [J]. 极地研究 ,2012,24(2)151-158.

[74]吴云龙，杨元德，袁乐先，等．南极恩德比地冰盖高程变化研究 [J]. 大地测量与地球动力学 .2013,33(5):21-24.

[75]鞠晓蕾，沈云中，张子占．基于 GRACE 卫星 RL05 数据的南极冰盖质量变化分析 [J]. 地球物理学报 ,2013,56(9):2918-2927.

[76]张宝钢，赵剑，马驰，等．基于无人机遥感技术的南极冰川表面冰坑监

测 [J]. 北京师范大学学报 (自然科学版),2019, 55(1):19-24.

[77]李海 , 杨成生 , 惠文华 , 等 . 基于遥感技术的高山极高山区冰川冰湖变化动态监测——以西藏藏南希夏邦玛峰地区为例 [J]. 中国地质灾害与防治学报 ,2021, 32(5):10-17.

[78]Ricardo Prego.Total organic carbon in the sea—ice zone between Elephant Island and the South Orkney Islands at the start of the austral summer (1988–89) [J]. Marine Chemistry, 1991,35(1–4):189-197.

[79]OutiHyttinen, AarnoKotilainen, Veli-PekkaSalonen.Acoustic evidence of a Baltic Ice lake drainage debrite in the northern Baltic Sea[J].Marine Geology, 2011,284(1-4):139-148.

[80]Ron Kwok.Declassified high-resolution visible imagery for Arctic sea ice investigations: An overview[J].Remote Sensing of Environment, 2014,142:44-56.

[81]Ponsoni Leandro,Massonnet Francois,FichefetThierry,et al. On the timescales and length scales of the Arctic sea ice thickness anomalies: a study based on 14 reanalyses[J]. Cryosphere, 2019,13(2):521-543.

[82]Fritzner Sindre, Graversen Rune, Christensen, Kai H.et al. Impact of assimilating sea ice concentration, sea ice thickness and snow depth in a coupled ocean-sea ice modelling system[J]. Cryosphere, 2019,13(2):491-509.

[83]T. Nakanowatari,J.Xie,L.Bertino,et al. Ensemble forecast experiments of summertime sea ice in the Arctic Ocean using the TOPAZ4 ice-ocean data assimilation system[J]. Environmental Research, 2022,209:112769-112782.

[84]沈格 , 李洪升 , 张小朋 , 等 . 渤海冰尺寸效应的实验研究 [J]. 大连工学院学报 .1988,27(2):9-16.

[85]张晰 , 张杰 , 孟俊敏 , 等 . 基于极化散射特征的极化合成孔径雷达海冰分类方法研究：以渤海海冰分类为例 [J]. 海洋学报 .2013,35(5):95-101.

[86]李欣欣 . 北极及周边地区海冰变异对亚洲冬春季气候异常的影响机理[D]. 南京 , 南京信息工程大学 ,2018:1-11.

[87]李星星 , 张晰 , 包萌 , 等 . 海冰表面和底层形态的特征相关性分析—以 2011 年早春拉布拉多海海冰实验数据为例 [J]. 海洋科学 ,2022,46(1)90-101.

[88]Kersi S. Davar, Nabil A. Elhadi.Management of ice-covered rivers: Problems and perspectives[J].Journal of Hydrology, 1981,51, (1–4):245-253.

[89]Daniel Iliescu,IanBaker.The structure and mechanical properties of river and lake ice[J].Cold Regions Science and Technology, 2007,48(3):202-217.

[90]Spyros Beltaos, Andreas Kääb.Estimating river discharge during ice breakup from near-simultaneous satellite imagery[J].Cold Regions Science and Technology, 2014, 98:35-46.

[91]A.Beaton,R.Whaley,K.Corston,et al. Identifying historic river ice breakup timing using MODIS and Google Earth Engine in support of operational flood monitoring in Northern Ontario[J]. Remote Sensing of Environment, 2019, 224:352-364.

[92]BasAltena,AndreasKääb. Quantifying river ice movement through a combination of European satellite monitoring services [J]. International Journal of Applied Earth Observation and Geoinformation, 2021, 98:102315-102325.

[93]苏惠波 . 嫩江冰封期污染物输入响应模型的建立 [J]. 齐齐哈尔轻工学院学报,1997,13(3):32-35.

[94]张丰松, 阎百兴, 何岩, 等 . 松花江冰封期江水和沉积物中汞形态研究 [J]. 湿地科学 ,2007,5(1):58-63.

[95]郑成龙 , 陈胖胖 , 王军 . 河流冰盖热力增长的数值模拟 [J]. 合肥工业大学学报 (自然科学版),2012,35(8):1080-1083.

[96]崔丽琴 , 秦建敏 , 张瑞锋 . 基于空气、冰和水电阻特性差异进行河冰冰

厚检测方法的研究 [J]. 太原理工大学学报 ,2013,44(1):5-9.

[97]牟献友 , 宝山童 , 张宝森 , 等 . 基于遥感影像分析 1989—2019 年黄河内蒙古段河冰时空变化 [J]. 冰川冻土 ,2022,44(2):1-16.

[98]Eicken H. The role of sea ice in structuring Antarctic ecosystems[J].Polar Biol,1992,12:3-13.

[99]Maus S,et al.Synchroton-based X-ray tomography: insights into sea ice microstructure [J].Rep.Ser. Geophys.2010,61,28-45.

[100]戴芳芳 , 王自磐 ,EAllhusen, G Dieckmann. 南极威德尔海冬季海冰叶绿戴素及其生态意义 [J]. 极地研究 ,2009,20 (3):248-257.

[101]J. Stanislav, M.F. Mohtadi.Mathematical simulation of dispersion of pollutants in a lake with ice cover[J].Water Research,1971,5(7):401-410.

[102]R.A.Assel.Great Lakes Ice Thickness Prediction[J].Journal of Great Lakes Research,1976,2(2):248-255.

[103]M.R. Twiss, R.M.L. McKay, R.A. Bourbonniere,et al.Diatoms abound in ice-covered Lake Erie: An investigation of offshore winter limnology in Lake Erie over the period 2007 to 2010[J]. Journal of Great Lakes Research,2012,38(1):18-30.

[104]Lindenschmidt Karl-Erich，Baulch Helen M.，Cavaliere Emily. River and Lake Ice Processes-Impacts of Freshwater Ice on Aquatic Ecosystems in a Changing Globe[J]. Water,2018,10(11):1-9.

[105]黄继国 , 彭祥捷 , 俞双 , 等 . 水体结冰期营养盐和叶绿素 a 的分布特征 [J]. 吉林大学学报 (理学版),2008,46(6):1231-1236.

[106]曲斌 , 康世昌 , 陈锋 , 等 .2006 -2011 年西藏纳木错湖冰状况及其影响因素分析 [J]. 气候变化研究进展 , 2012,8 (5):327-333.

[107]杨文焕 , 崔亚楠 , 李卫平 , 等 . 包头市南海湖冰封期营养盐和叶绿素 a 时空分布特征研究 [J]. 灌溉排水学报 , 2018,37 (3):72-77.

[108]Welch, H. E.,AND M. A. Bergmann. Water circulation in small Arctic Lakes in winter[J]. Can. J. Fish. Aquat. Sci. 1985,42: 506-520.

[109]Catalan, J. Evolution of dissolved and particulate matter during the ice-covered period in a deep, igh-mountain lake [J]. Can. J. Fish. Aquat. Sci. 1992, 49: 945-955.

[110]Matti Leppäranta and PekkaKosloff. The Structure and Thickness of Lake Pääjärvi Ice[J]. Geophysica, 2000, 36 (1-2): 233-248.

[111]Claude Belzile, John A. E. Gibson, and Warwick F. Vincent. Colored dissolved organic matter and dissolved organic carbon exclusion from lake ice: Implications for irradiance transmission and carbon cycling [J]. Limnol. Oceanogr., 2002, 47(5):1283-1293.

[112]Roger Pieters, and Gregory A. Lawrence. Effect of salt exclusion from lake ice on seasonal circulation [J]. Limnology and oceanography, 2009,54(2):401-412.

[113]Bluteau Cynthia E., Pieters Roger,Lawrence Gregory A. The effects of salt exclusion during ice formation on circulation in lakes[J].Environmental fluid mechanics, 2017,17(3):579-590.

[114]黄继国，傅鑫廷，王雪松，等．湖水冰封期营养盐及浮游植物的分布特征 [J]. 环境科学学报 ,2009,29 (8): 1678-1683.

[115]李晶，马云，周浩，等．扎龙湿地冰封期水环境特征初步研究环境 [J]. 科学与管理 ,2009,34 (9): 128-131.

[116]李兴，何婷婷，勾芒芒．乌梁素海冰封期浮游植物群落特征与环境因子 CCA 分析 [J]. 东北农业大学学报 ,2018,49 (4): 67-78.

[117]Aike Beckmann, C-Elisa Schaum , Inga Hense. Phytoplankton adaptation in ecosystem models[J]. Environmental fluid mechanics, 2019,468:60-71.

[118]Yoshio Masuda, Yasuhiro Yamanaka, TakafumiHirata,et al.Competition and community assemblage dynamics within a phytoplanktonfunctional group: Simulation using an eddy-resolving model to disentangle deterministic and random effects[J]. Ecological Modelling, 2017,343:1-14.

[119]GorgenyiJudit,Tothmeresz Bela, VarbiroGabor,etal.Contribution of

phytoplankton functional groups to the diversity of a eutrophic oxbow lake[J].Hydrobiologia, 2019,830(1):287-301.

[120]Allende Luz, Soledad Fontanarrosa Maria, MurnoAyelen, et al. Phytoplankton functional group classifications as a tool for biomonitoring shallow lakes: a case study[J]. Knowledge and management of aquatic ecosystems, 2019,420(5):1-14.

[121]ArdynaM.,Babin M., DevredE.,etal.Shelf-basin gradients shape ecological phytoplankton niches and community composition in the coastal Arctic Ocean (Beaufort Sea) [J]. Limnology and oceanography, 2017,62 (5):2113-2132.

[122]Dondajewska Renata, Kozak Anna,RosinskaJoanna,etal.Water quality and phytoplankton structure changes under the influence of effective microorganisms (EM) and barley straw - Lake restoration case study[J]. Science of the total environment, 2019,660:1355-1366.

[123]Wu Zhaoshi, Kong Ming, Cai Yongjiu,etal.Index of biotic integrity based on phytoplankton and water quality index: Do they have a similar pattern on water quality assessment? A study of rivers in Lake Taihu Basin, China[J].Science of the total environment, 2019,658:395-404.

[124]Mishra Priya, Garg Veena, DuttKakoli. Seasonal dynamics of phytoplankton population and water quality in Bidoli reservoir[J]. Environmental monitoring and assessment, 2019,191(3):1-12.

[125]Arab Siham, HamilSomia, Rezzaz Mohamed Abdessamad,et al. Seasonal variation of water quality and phytoplankton dynamics and diversity in the surface water of Boukourdane Lake, Algeria[J]. Arabian journal of geosciences, 2019,12(2):1-11.

[126]Yilmaz, Nese. Assesment of seasonal variation of phytoplankton and related water quality parameters of Sazlidere Dam Lake (Istanbul, Turkey) [J].Desalination and water treatment, 2018,131:107-113.

[127]DembowskaEwaAnna,Mieszczankin Tomasz, Napiorkowski Pawel. Changes of the phytoplankton community as symptoms of deterioration of water quality in a shallow lake [J]. Environmental monitoring and assessment, 2018,190(2):1-11.

[128]Frau Diego,Mayora Gisela,Devercelli Melina. Phytoplankton-based water quality metrics: feasibility of their use in a Neotropical shallow lake [J]. Marine and freshwater research, 2018,69(11):1746-1754.

[129]Cai Meijun, Reavie Euan D. Pelagic zonation of water quality and phytoplankton in the Great Lakes[J]. Limnology, 2018,19(1):127-140.

[130]ShuyaLiu,ZongmeiCui,YongfangZhao,et al. Composition and spatial-temporal dynamics of phytoplankton community shaped by environmental selection and interactions in the Jiaozhou Bay [J]. Water Research, 2022:118488-118499.

[131]Yilmaz N., Elhag M., Yasar, U. Short-term changes in algal blooms and phytoplankton community after the passage of Super Typhoon Lekima in a temperate and inner sea (Bohai Sea) in China[J].Ecotoxicology and Environmental Safety,2022,232:113223-113235.

[132]杨丽，张玮，尚光霞，等 . 淀山湖浮游植物功能群演替特征及其与环境因子的关系 [J]. 环境科学，2018,39(7):3158-3167.

[133]董静，李艳晖，李根保，等 . 东江水系浮游植物功能群季节动态特征及影响因子 [J]. 水生生物学报，2013,37(5):836-843.

[134]郑诚，陆开宏，徐镇，等 . 四明湖水库浮游植物功能类群的季节演替及其影响因子 [J]. 环境科学，2018,39(6):2688-2697.

[135]陈嘉熺，孙旭，柴青宇，等 . 团结水库浮游植物群落结构及水质评价 [J]. 东北林业大学学报，2019,47(3):85-88.

[136]相华，郭伟，窦冰，等 . 春季小清河流域浮游植物功能群与水环境因子的关系 [J]. 水产学杂志，2022,35(2):84-91.

[137]李兴 . 内蒙古乌梁素海水质动态数值模拟研究 [D]. 呼和浩特：内蒙古

农业大学, 2009:23-24.

[138]胡鸿钧，魏印心. 中国淡水藻类 - 系统、分类及生态 [M]. 北京：科学出版社 ,2006,23-903.

[139]周凤霞，陈剑虹. 淡水微型生物与底栖动物图谱（第二版）[M]. 北京：化学工业出版社 ,2018,36-179.

[140]李兴，张树礼，李畅游，等. 乌梁素海浮游植物群落特征分析 [J]. 生态环境学报，2012, 21(11): 1865-1869.

[141]郭蔚华，李楠，张智，等. 嘉陵江出口段三类水体蓝绿硅藻优势种变化机理 [J]. 生态环境学报 ,2009,18(1):51-56.

[142]宋秀凯，刘爱英，杨艳艳，等. 莱州湾鱼卵、仔稚鱼数量分布及其与环境因子相关关系研究 [J]. 海洋与湖沼报 ,2010,41(3):378-385.

[143]王晓蓉，华兆哲，徐菱，等. 环境条件变化对太湖沉积物磷释放的影响 [J]. 环境化学 ,1996,15(1):15-19.

[144]李兵，袁旭音，邓旭. 不同 pH 条件下太湖入湖河道沉积物磷的释放 [J]. 生态与农村环境学报 ,2008,4(4):57-62.

[145]Molisch Hans, Der EinflusseinerPflanze auf die andere, Allelopathie[M]. Verlag von Gustav Fischer,1937.

[146]李锋民，胡洪营. 生物化感作用在水处理中的应用 [J]. 中国给水排水 ,2003,19(7):38-40.

[147]孙志伟，邱丽华，段舜山，等. 化感作用抑制有害藻类生长的研究进展 [J]. 生态科学 ,2015,34 (6):188-192.

[148]金秋，董双林. 海洋藻类化感作用研究进展 [J]. 科技通报 ,2018,34(10):1-9.

[149]MccarthyJJ,WynneD,BermanT.The uptake of dissolved nitrogenous nutrients by Lake Kinneret (Israel) microplankton[J]. Limnology and Oceanography, 1982,27:(4):673-680.

[150]范成新，张路，秦伯强，等. 太湖沉积物 – 水界面生源要素迁移机制及定量化 –1. 铵态氮释放速率的空间差异及源 – 汇通量 [J]. 湖泊科

学 ,2004,16(1) : 10-20.

[151]文玲 , 张旭 . 冷冻浓缩处理废水 COD、TOC 及能耗分析 [J]. 环境科学与技术 ,2014,37(1) : 129-134.

[152]于涛 , 马军 . 冷冻浓缩水处理工艺中冰晶纯度影响因素分析 [J]. 哈尔滨商业大学学报 (自然科学版),2005,21(5) : 572-578.

附　录

乌梁素海主要常见浮游植物名录表

门	中文名	拉丁名
蓝藻门	点形平裂藻	*Oscillatoria punctata*
	银灰平裂藻	*Oscillatoria glauca*
	优美平裂藻	*Oscillatoria elegans*
	居氏腔球藻	*Coelosphaeriumkützingianum*
	不定腔球藻	*Coelosphaerium dubium*
	不定微囊藻	*Microcystis incerta*
	水华微囊藻	*Microcystis flos-aquae*
	铜绿微囊藻	*Microcystis aeruginosa*
	具缘微囊藻	*Microcystis marginata*
	惠氏微囊藻	*Microcystis wesenbergii*
	束缚色球藻	*Chroococcustenax*
	巨颤藻	*Oscillatoria princes*
	尖细颤藻	*Oscillatoria acuminata*
	绿色颤藻	*Oscillatoria chlorina*
	弱细颤藻	*Oscillatoria tenuis*
	阿氏颤藻	*Oscillatoria agardhii*

续表

门	中文名	拉丁名
蓝藻门	大螺旋藻	*Spirulina major*
	钝顶螺旋藻	*Spirulina platensis*
	为首螺旋藻	*Spirulina princeps*
	类颤鱼腥藻	*Anabaena oscillarioides*
	卷曲鱼腥藻	*Spirulina circinalis*
	螺旋鱼腥藻	*Spirulina spiroides*
	林氏念珠藻	*Nostoc linckia*
	沼泽念珠藻	*Nostoc paludosum*
	马氏鞘丝藻	*Lyngbyamartensiana*
	阿氏项圈藻	*Anabaenopsisarnoldii*
绿藻门	球四鞭藻	*Carteriaglobulosa*
	素衣藻	*Polytomauvella*
	实球藻	*Pandorina morum*
	空球藻	*Eudorina elegans*
	杂球藻	*Pleodorina californica*
	聚盘藻	*Gonium sociale*
	星形冠盘藻	*Stephanodiscusastraea*
	水溪绿球藻	*Chlorococcuminfusionum*
	微芒藻	*Micractiniumpusillum*
	多芒藻	*Golenkinia radiata*
	弓形藻	*Schroederiasetigera*
	硬弓形藻	*Schroederiarobusta*

续表

门	中文名	拉丁名
绿藻门	拟菱形弓形藻	*Schroederianitzschioides*
	椭圆小球藻	*Chlorella ellipsoidea*
	小球藻	*Chlorella vulgaris*
	整齐四角藻	*Tetraedronregulare*
	膨胀四角藻	*Tetraedrontumidulum*
	三角四角藻	*Tetraedrontrigonum*
	三叶四角藻	*Tetraedrontrilobulatum*
	微小四角藻	*Tetraedron minimum*
	针形纤维藻	*Ankistrodesmusacicularis*
	卷曲纤维藻	*Ankistrodesmusconvolutus*
	镰形纤维藻奇异变种	*Ankistrodesmusfalcatus* var. *mirabilis*
	狭形纤维藻	*Ankistrodesmusangustus*
	螺旋纤维藻	*Ankistrodesmus spiralis*
	肥壮蹄形藻	*Kirchneriellaobesa*
	并联藻	*Quadrigulachodatii*
	湖生卵囊藻	*Oocystislacustris*
	单生卵囊藻	*Oocystis solitaria*
	波吉卵囊藻	*Oocystisborgei*
	椭圆卵囊藻	*Oocystis elliptica*
	胶带藻	*Gloeotaeniumloitelsbergerianum*
	肾形藻	*Nephrocytiumagardhianum*
	四球藻	*Tetrachlorella alternans*

续表

门	中文名	拉丁名
绿藻门	二角盘星藻纤细变种	*Pediastrum duplex*
	整齐盘星藻	*Pediastrum integrum*
	短棘盘星藻	*Pediastrum boryanum*
	单角盘星藻具孔变种	*Pediastrum simplex*
	双射盘星藻	*Pediastrum biradiatum*
	四角盘星藻四齿变种	*Pediastrum tetras*
	尖细栅藻	*Scenedesmus acuminatus*
	双对栅藻	*Scenedesmus bijuga*
	龙骨栅藻	*Scenedesmus carinatus*
	二形栅藻	*Scenedesmus dimorphus*
	斜生栅藻	*Scenedesmus obliquus*
	裂孔栅藻	*Scenedesmus perforatus*
	四尾栅藻	*Scenedesmus quadricauda*
	弯曲栅藻	*Scenedesmus arcuatus*
	扁盘栅藻	*Scenedeaneusplatydiscus*
	巴西栅藻	*Scenedesmus brasiliensis*
	多棘栅藻	*Scenedesmus spinosus*
	华美十字藻	*Crucigenialauterbornii*
	四角十字藻	*Crucigenia quadrata*
	四足十字藻	*Crucigeniatetrapedia*
	集星藻	*Actinastrumhantzschii*
	小空星藻	*Coelastrummicroporum*

续表

门	中文名	拉丁名
绿藻门	空星藻	*Coelastrumsphaericum*
	普通水绵	*Spirogyra communis*
	微小新月藻	*Closterium parvulum*
	小新月藻	*Closterium venus*
	莱布新月藻	*Closterium leibleinii*
	瘦新月藻	*Closterium macilenturn*
	布莱鼓藻	*Cosmariumblyttii*
	短鼓藻	*Cosmariumabbreviatum*
	肾形鼓藻	*Cosmariumreniforne*
	项圈鼓藻	*Cosmariummoniliforme*
	特平鼓藻	*Cosmariumturpinii*
	弗曼角星鼓藻	*Cosmariummanfeldtii*
	近缘角星鼓藻	*Staurastrarnconnatum*
	广西角星鼓藻	*Staurastrarnkwangsiense*
	哈博角星鼓藻	*Staurastrarnhaaboliense*
	胶网藻	*Dictyosphaeriumehrenbergianam*
	美丽胶网藻	*Dictyosphaeriumpalchellum*
硅藻门	长刺根管藻	*Cyclotella longiseta*
	颗粒直链藻	*Melosiragranulata*
	颗粒直链藻极狭变种	*Melosiragranulata* var. *angustissima*
	梅尼小环藻	*Cyclotella meneghiniana*
	具星小环藻	*Cyclotella stelligera*

续表

门	中文名	拉丁名
硅藻门	扭曲小环藻	*Cyclotella comta*
	窗格平板藻	*Tabellariafenestrata*
	环状扇形藻	*Meridioncirculare*
	弧形蛾眉藻	*Ceratoneis arcus*
	中型脆杆藻	*Fragilaria intermedia*
	钝脆杆藻	*Fragilaria capucina*
	尖针杆藻	*Synedra acus*
	双头针杆藻	*Synedra amphicephala*
	肘状针杆藻	*Synedra ulna*
	近缘针杆藻	*Synedra affinis*
	篦形短缝藻	*Eunotiapectinalis*
	微绿肋缝藻	*Pinnulariaviridula*
	尖布纹藻	*Gyrosigma acuminatum*
	细布纹藻	*Gyrosigmakiitzingii*
	卵圆双壁藻	*Diploneis ovalis*
	尖辐节藻	*Stauroneis acuta*
	双头辐节藻	*Stauroneis anceps*
	双头辐节藻线形变种	*Stauroneis anceps* f. *linearis*
	双球舟形藻	*Naviculaamphibola*
	隐头舟形藻	*Naviculacryptocephala*
	短小舟形藻	*Naviculaexigua*
	瞳孔舟形藻小头变种	*Naviculapupula* var. *capitata*

续表

门	中文名	拉丁名
硅藻门	放射舟形藻	*Navicularadiosa*
	微绿舟形藻	*Naviculaviridula*
	英吉利舟形藻	*Naviculaanglica*
	嗜盐舟形藻	*Navicula halophila*
	大羽纹藻	*Pinnularia major*
	微绿羽纹藻	*Pinnulariaviridis*
	著名羽纹藻	*Pinnularia nobilis*
	间断羽纹藻	*Pinnulariainterrupta*
	短角美壁藻	*Caloneissilicula*
	卵圆双眉藻	*Amphora ovalis*
	箱形桥弯藻	*Cymbellacistula*
	优美桥弯藻	*Cymbelladelicatula*
	纤细桥弯藻	*Cymbellagracillis*
	膨胀桥弯藻	*Cymbellatumida*
	偏肿桥弯藻	*Cymbellaventricosa*
	埃伦桥弯藻	*Cymbellaehrenbergii*
	微细桥弯藻	*Cymbella parva*
	新月形桥弯藻	*Cymbellacymbiformis*
	平滑桥弯藻	*Cymbellalaevis*
	缢缩异极藻头状变种	*Gomphonemaconstrictum* var. *capitatum*
	纤细异极藻	*Gomphonema gracile*
	双生双楔藻	*Gomphonemageminata*

续表

门	中文名	拉丁名
硅藻门	扁圆卵形藻	*Cocconeisplacentula*
	谷皮菱形藻	*Nitzschia palea*
	线形菱形藻	*Nitzschia linearis*
	端毛双菱藻	*Surirellacapronii*
	粗壮双菱藻	*Surirellarobusta*
甲藻门	盾形多甲藻	*Peridiniumumbonatum*
	埃尔多甲藻	*Peridiniopsiselpatiewskyi*
	二角多甲藻	*Peridiniumbipes*
裸藻门	鱼形裸藻	*Euglena pisciformis*
	尖尾裸藻	*Euglena oxyuris*
	梭形裸藻	*Euglena acus*
	静裸藻	*Euglena deses*
	尾裸藻	*Euglena caudata*
	近轴裸藻	*Euglena proxima*
	绿色裸藻	*Euglena viridis*
	带形裸藻	*Euglena ehrenbergii*
	钩状扁裸藻	*Phacushamatus*
	宽扁裸藻	*Phacuspleuronectes*
	梨形扁裸藻	*Phacuspyrum*
	桃形扁裸藻	*Phacusstokesii*
	哑铃扁裸藻	*Phacuspeteloti*
	爪形扁裸藻	*Phacus onyx*

续表

门	中文名	拉丁名
裸藻门	长尾扁裸藻	*Phacuslongicauda*
	剑尾陀螺藻	*Phacusensifera*
	纺锤鳞孔藻	*Lepocinclis fusiformis*
隐藻门	啮蚀隐藻	*Cryptomomiserosa*
	素隐藻	*Crypfomomis paramaecium*
金藻门	分歧锥囊藻	*Dinobryondivergens*

附　图

乌梁素海经典藻种（索引按照从左到右，从上到下的原则）

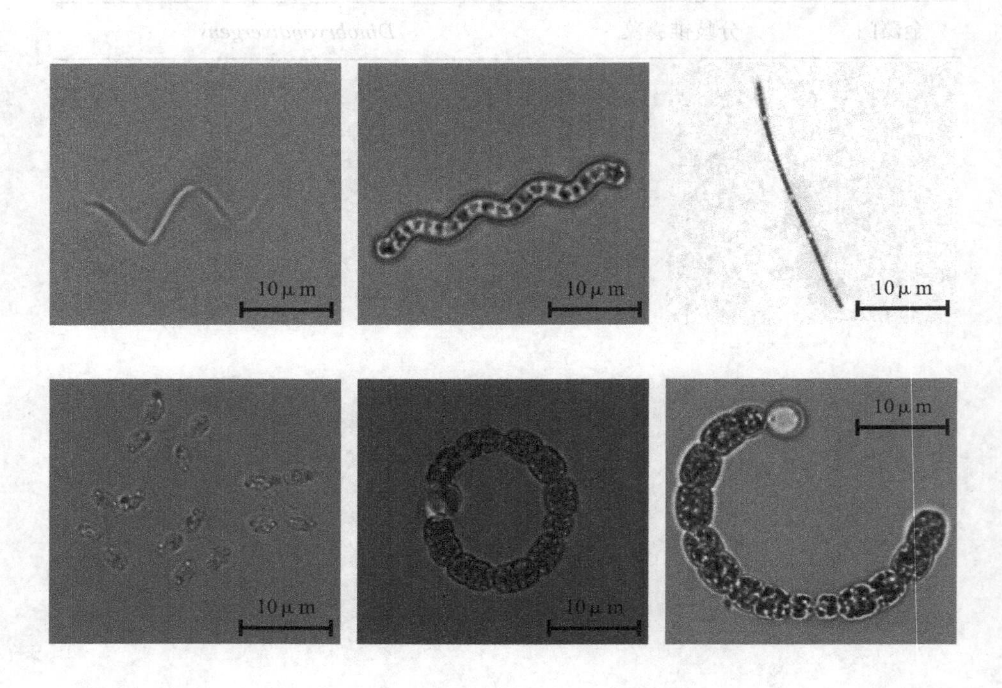

1. 钝顶螺旋藻　2. 为首螺旋藻　3. 类颤鱼腥藻　4. 美丽胶网藻
5、6. 卷曲鱼腥藻

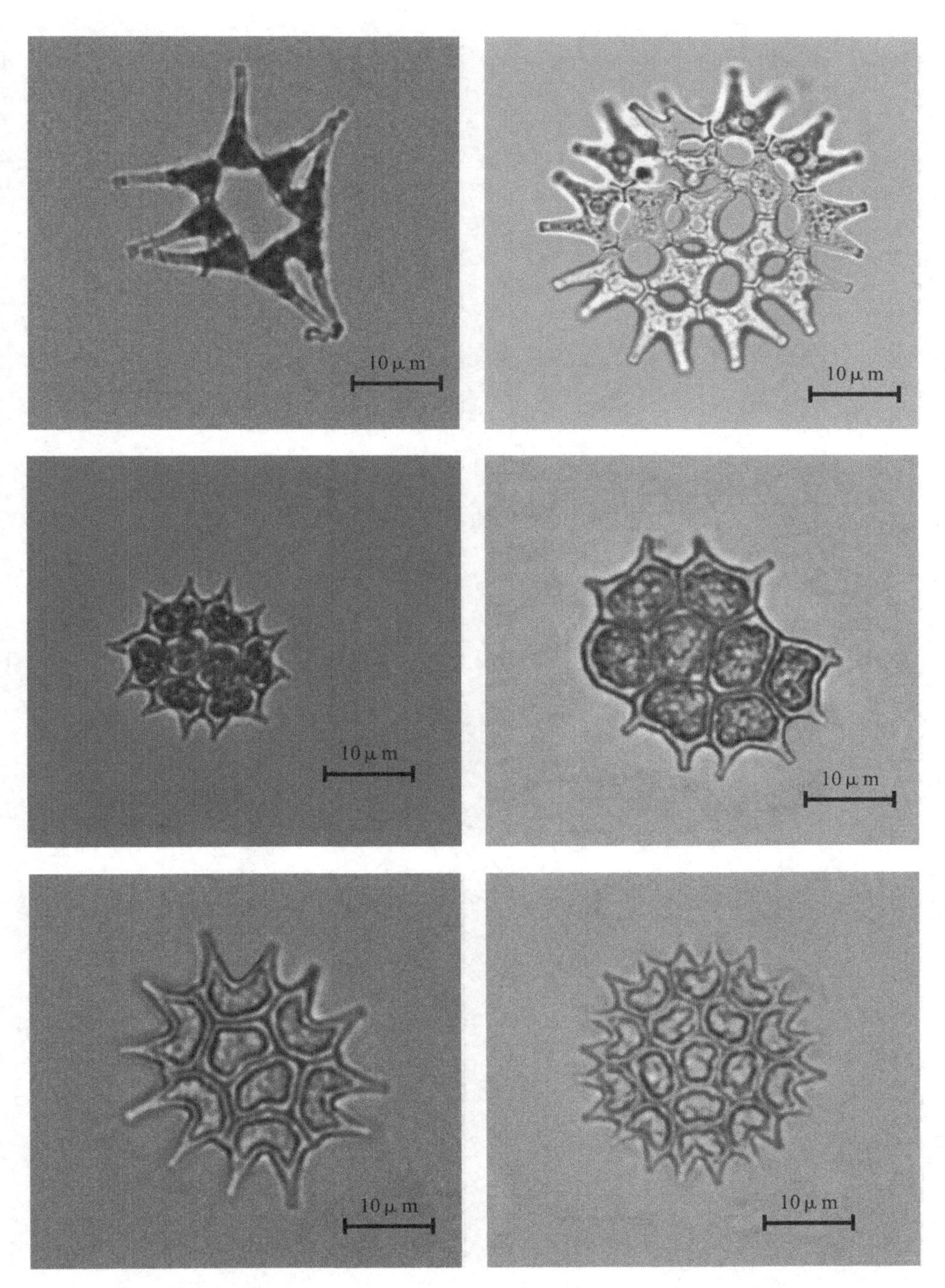

1. 单角盘星藻具孔变种 2. 二角盘星藻纤细变种 3、4. 整齐盘星藻
5、6. 短棘盘星藻

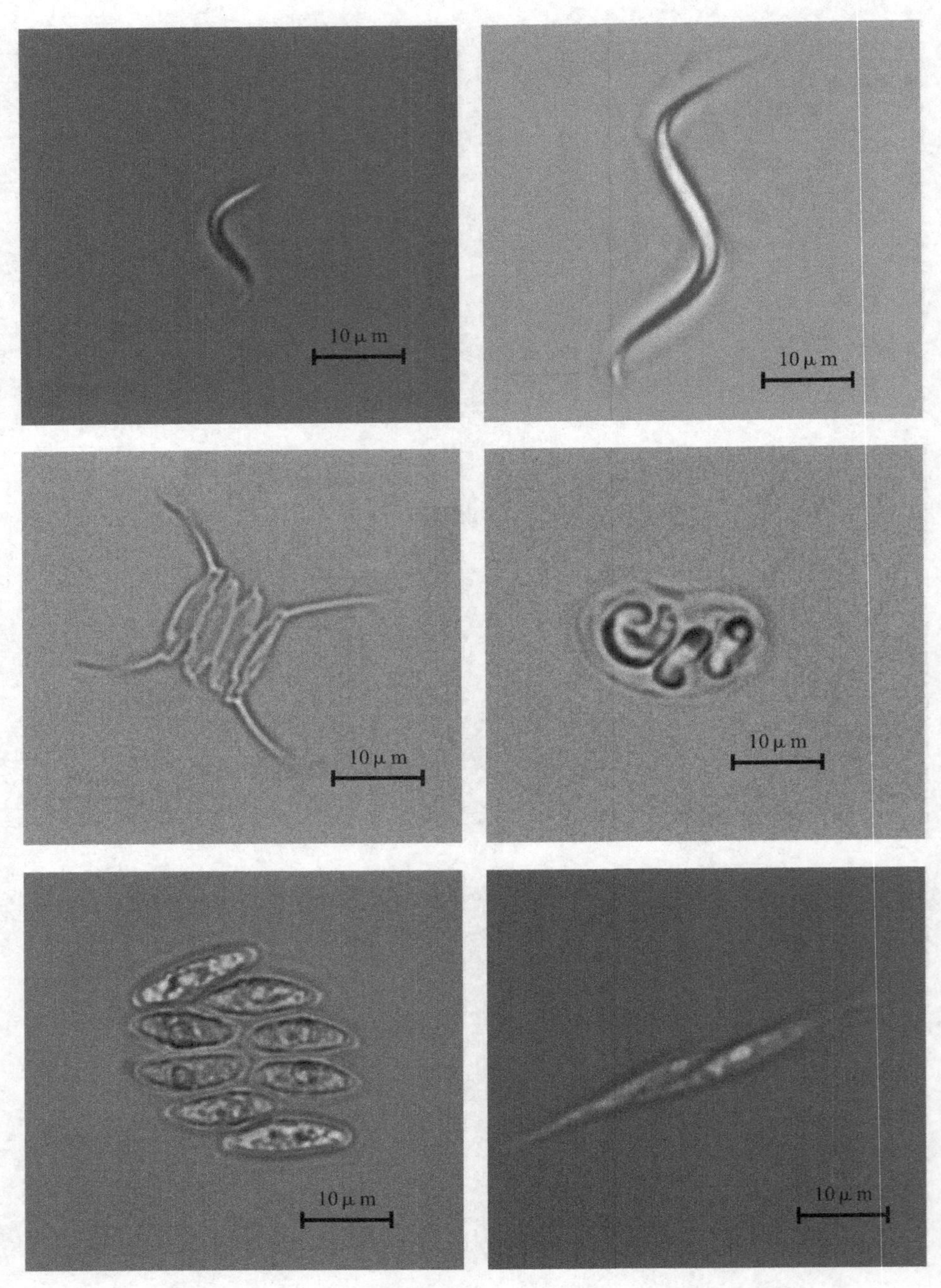

1、2. 狭形纤维藻 3. 龙骨栅藻 4. 肥壮蹄形藻 5. 斜生栅藻
6. 并联藻

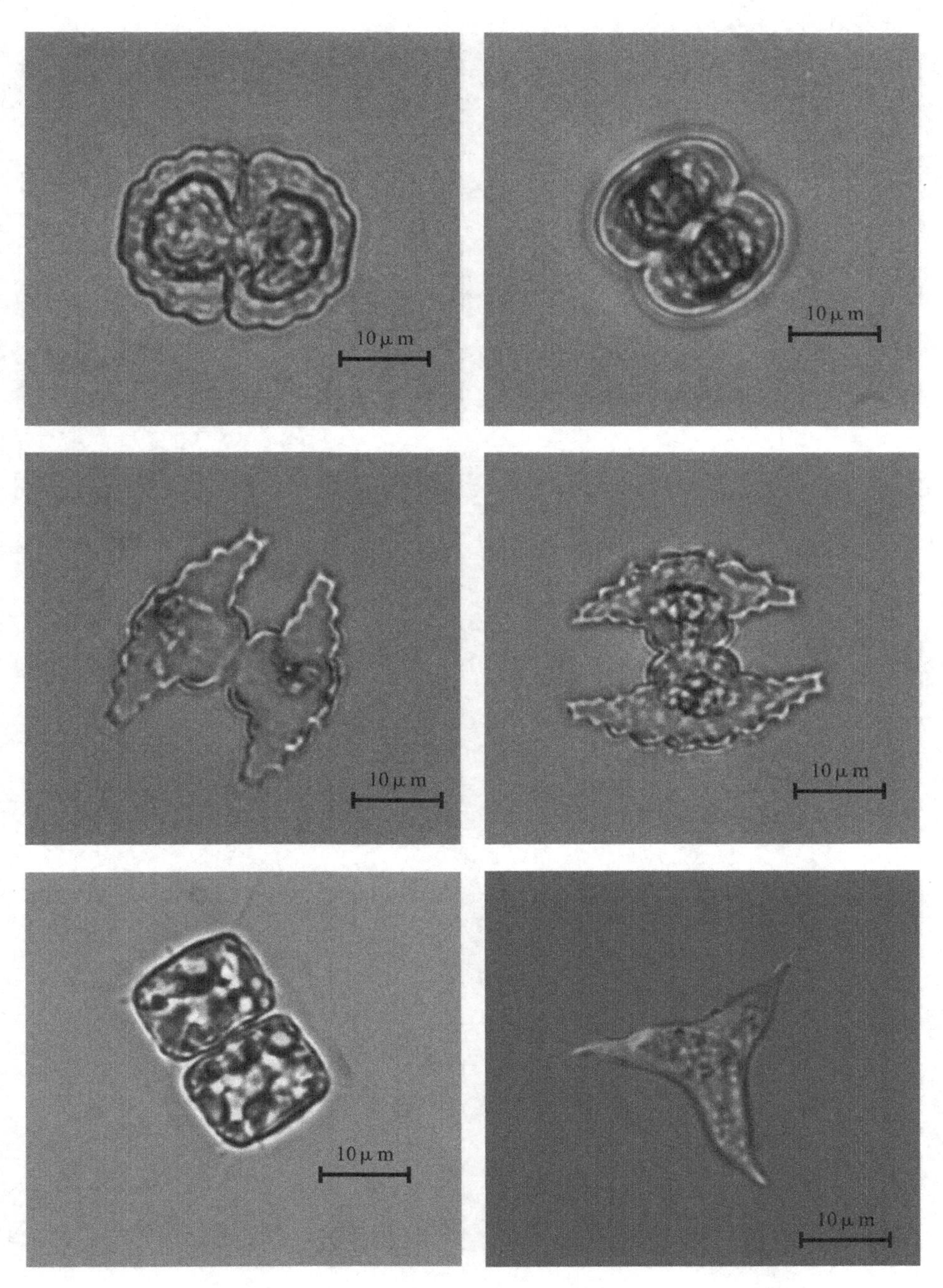

1. 布莱鼓藻　2. 肾形鼓藻　3. 广西角星鼓藻　4. 弗曼角星鼓藻
5. 梅尼小环藻　6. 近缘角星鼓藻

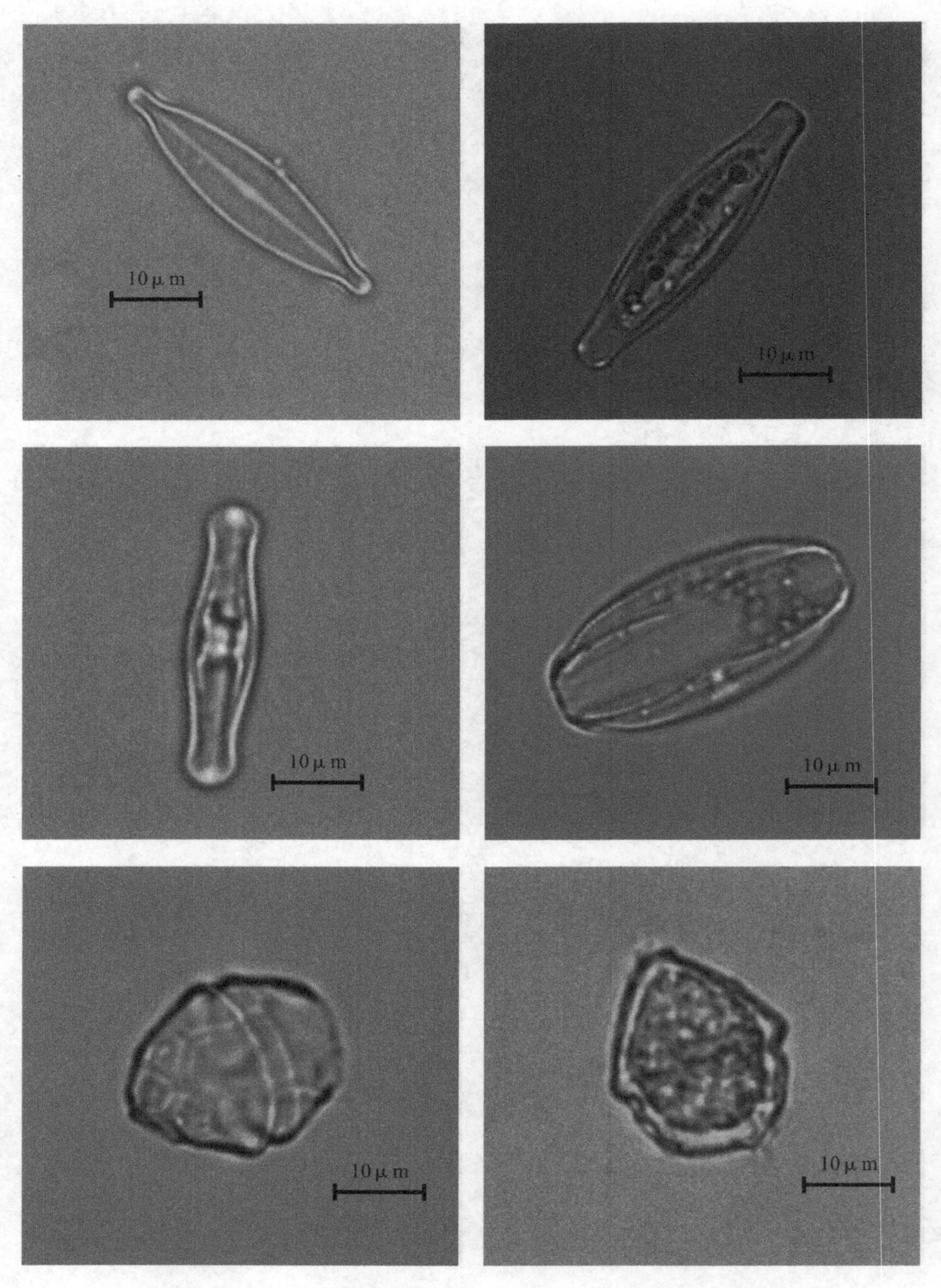

1、2. 双头辐节藻 3. 间断羽纹藻 4. 卵圆双眉藻 5. 盾形多甲藻 6. 埃尔多甲藻